FORSCHUNGSBERICHTE
DES LANDES NORDRHEIN-WESTFALEN

Herausgegeben durch das Kultusministerium

Nr. 781

Verein zur Förderung von Forschungs- und Entwicklungsarbeiten
in der Werkzeugindustrie e.V., Remscheid

Verformungseinflüsse bei der Feilenherstellung

Als Manuskript gedruckt

WESTDEUTSCHER VERLAG / KÖLN UND OPLADEN

1959

ISBN 978-3-663-03869-6   ISBN 978-3-663-05058-2 (eBook)
DOI 10.1007/978-3-663-05058-2

Teil 1:

Untersuchung wesentlicher Einflußgrößen auf den Feilenverzug

Dr.-Ing. Eginhard Barz

Institut für Werkzeugforschung Remscheid

Teil 2:

Der Umformvorgang beim Feilenhauen

Prof. Dr.-Ing. Otto Kienzle
Dipl.-Ing. Hans-Joachim Crasemann
Dipl.-Ing. Kurt Haverbeck

Institut für Werkzeugmaschinen und Umformtechnik
der Technischen Hochschule Hannover

Vorwort

Dieser Forschungsbericht behandelt Fragen, die sich aus der Arbeit:

"Fertigungs- und Prüfverfahren für Feilen"

aus der Schriftenreihe

"Forschungsberichte des Wirtschafts- und Verkehrsministeriums Nordrhein-Westfalen (Nr. 445)

ergeben.

Vorliegende Arbeit über

"Verringerung des Härteverzuges zwecks Ausbildung gleichmäßiger und günstiger Feilenzahnformen durch Untersuchung des Verformungseinflusses auf Gefüge und Oberflächenspannung"

wurde vom gleichen Ministerium finanziell gefördert und besteht aus 2 Teilen:

Teil 1 Untersuchung wesentlicher Einflußgrößen auf den Feilenverzug

Teil 2 Der Umformvorgang beim Feilenhauen

Teil 1 wurde im Institut für Werkzeugforschung Remscheid, Teil 2 im Institut für Werkzeugmaschinen und Umformtechnik der Technischen Hochschule Hannover auf Anregung des Instituts für Werkzeugforschung in Verbindung mit Feilenfabriken ausgeführt.

Das Ziel der Arbeit war, die Auswirkung der Wärmebehandlung und des Umformvorganges auf die Ausbildung des Feilenzahnes zu untersuchen. Während Teil 1 vom Institut für Werkzeugforschung vorzugsweise bei einschlägigen Firmen ausgeführt wurde, handelt es sich bei Teil 2 um eine Grundlagenforschung, die unter Leitung von Herrn Prof. Dr.-Ing. O. KIENZLE als Diplomarbeit von Herrn Dipl.-Ing. HAVERBECK ausgeführt und von Herrn Dipl.-Ing. CRASEMANN überarbeitet wurde.

Teil I

Untersuchung wesentlicher Einflußgrößen

auf den

Feilenverzug

Gliederung

Vorwort .... S.   3

1. Einleitung .... S.   9
2. Voruntersuchungen .... S.   9
   2.1 Untersuchung des Ausgangswerkstoffes .... S.   9
   2.2 Vorbehandlung der Feilenkörper .... S. 10
3. Verzug der Feilenkörper .... S. 16
   3.1 Härteverzug bei ungehauenen Feilenkörpern
       Einfluß der Abschreckbadtemperatur und der
       Taucharten .... S. 16
   3.2 Einfluß des Hauens auf den Verzug des Feilenkörpers
       Längsdurchbiegung, Verwindung .... S. 18
   3.3 Härteverzug bei gehauenen Feilenkörpern .... S. 19
4. Einfluß der Glühbehandlung auf den Feilenverzug ...... S. 22
   4.1 Allgemeines zur Glühbehandlung .... S. 22
   4.2 Einfluß der Glühbehandlung auf die Längs-
       durchbiegung .... S. 23
   4.3 Einfluß der Glühbehandlung auf die Zahnform ...... S. 24
5. Zusammenfassung .... S. 25

1. Einleitung

Der Feilenverzug umfaßt einerseits den Verzug des Feilenkörpers, der als Längsdurchbiegung d und Verwindung (α) in Erscheinung tritt (Abb. 1a und b), andererseits den Verzug der Zahnform (Abb. 1c).

Der Verzug der Feilenkörper, besonders bei ungünstiger, beispielsweise halbrunder Querschnittsform, kann durch das Schmieden, Glühen, Hauen oder Härten hervorgerufen werden und muß erforderlichenfalls durch Richten nach den einzelnen, verzugsverursachenden Arbeitsgängen beseitigt werden. Dagegen kann der Zahnverzug durch einen nachträglichen Arbeitsgang nicht verbessert werden.

Bei den erwähnten mannigfaltigen Einflußgrößen auf den Feilenverzug mußte zunächst einmal festgestellt werden, bei welchem Arbeitsgang der größte Verzug auftritt.

Um dies auszuführen und brauchbare Ergebnisse zu erzielen, war es erforderlich, außer der jeweils zu untersuchenden Einflußgröße, entweder alle anderen auszuschalten (z.B. Fortfall des Schmiedens von Angel und Spitze) oder sie konstant zu halten (z.B. Werkstoffzusammensetzung, Scheuern, Haumaschine, Hauunterlage, Schmiermittel).

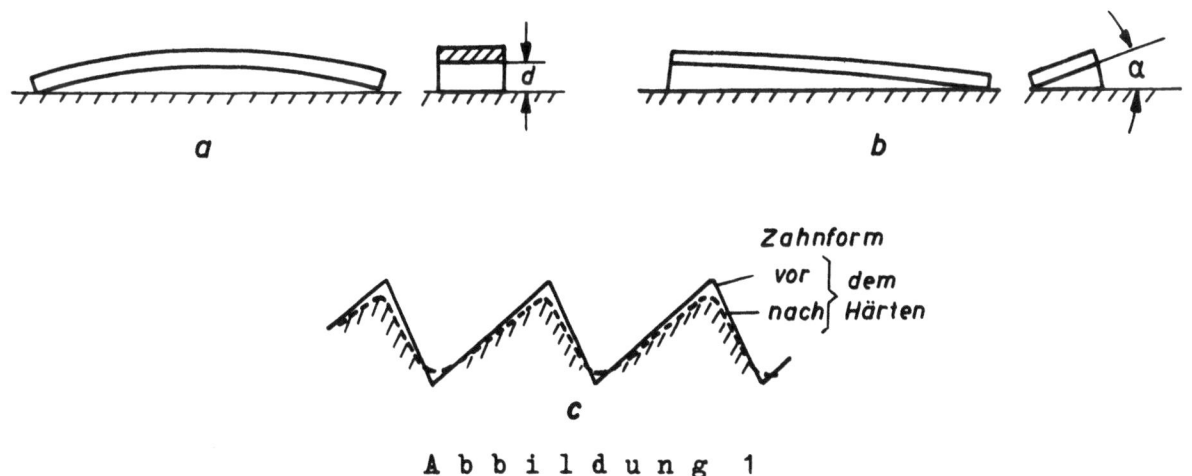

Abbildung 1
Arten des Feilenverzuges
a) Längsdurchbiegung   b) Verwindung   c) Zahnverzug

2. Voruntersuchungen

2.1 Untersuchung des Ausgangswerkstoffes

Für die späteren Hauversuche wurden ca. 800 kg Feilenstahl, Werkstoff-Nr. 1633 (Stahleisenliste C 130 W 2) beschafft, der vor dem Walzen auf die für die Versuche zweckmäßige, rechteckige Querschnittsform 20 x 5 mm^2 widerstandserhitzt wurde und in dieser Arbeit als Sorte F bezeichnet wird.

Das Gefüge von drei aus dieser Menge ausgesuchten Stangenabschnitten wurde in der Versuchsanstalt der Werkzeugindustrie metallographisch untersucht. An allen Proben ergab sich ein gleichartiges Gefüge mit lamellarem Perlit und Sorbit. An den Korngrenzen liegt eine Abscheidung von Zementit vor. Die Korngröße ist als fein zu bezeichnen.

Abbildung 2a gibt das Gefüge bei 500facher Vergrößerung wieder. Zur Kenntlichmachung der Zementitabscheidung und auch der Korngröße erfolgte für die Übersichtsaufnahme der Abbildung 2b eine Ätzung des Zementits (Vergrößerung 200fach). An der Oberfläche dieser Proben lag stellenweise eine Entkohlung von geringem Ausmaße vor; die Tiefe der entkohlten Schicht erreichte Werte, die zwischen 0,03 und 0,14 mm lagen. Eine Entkohlung bis zum untereutektoiden C-Gehalt war in sehr geringem Ausmaß eingetreten.

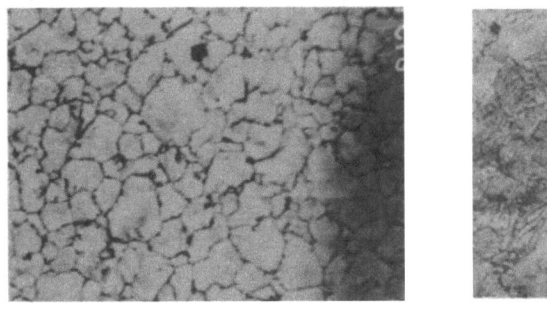
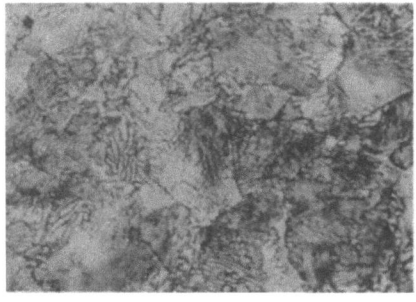

a) 500 x   b) 200 x

A b b i l d u n g   2

Gefüge von Feilenstahl, Werkstoff Nr. 1633

Aufnahmen: Versuchsanstalt der Werkzeugindustrie Remscheid

2.2 Vorbehandlung der Feilenkörper

Aus Abbildung 3 geht die Aufteilung der Menge des verwendeten Ausgangswerkstoffes (Sorte F) für die verschiedenen Versuche hervor. Von diesem Ausgangswerkstoff wurden etwa 250 kg vorzugsweise für grundlegende Hauversuche in der TH Hannover in Schutzgas geglüht; diese Menge wird im folgenden als "Sorte S" bezeichnet:

Etwa 200 kg "Sorte F" standen für Glüh-, Hau- und Härteversuche in den Betrieben zur Verfügung. Für etwaige Versuchswiederholungen wurden ca.

350 kg der "Sorte F" und 120 kg der "Sorte S" in Stangenform zurückgestellt.

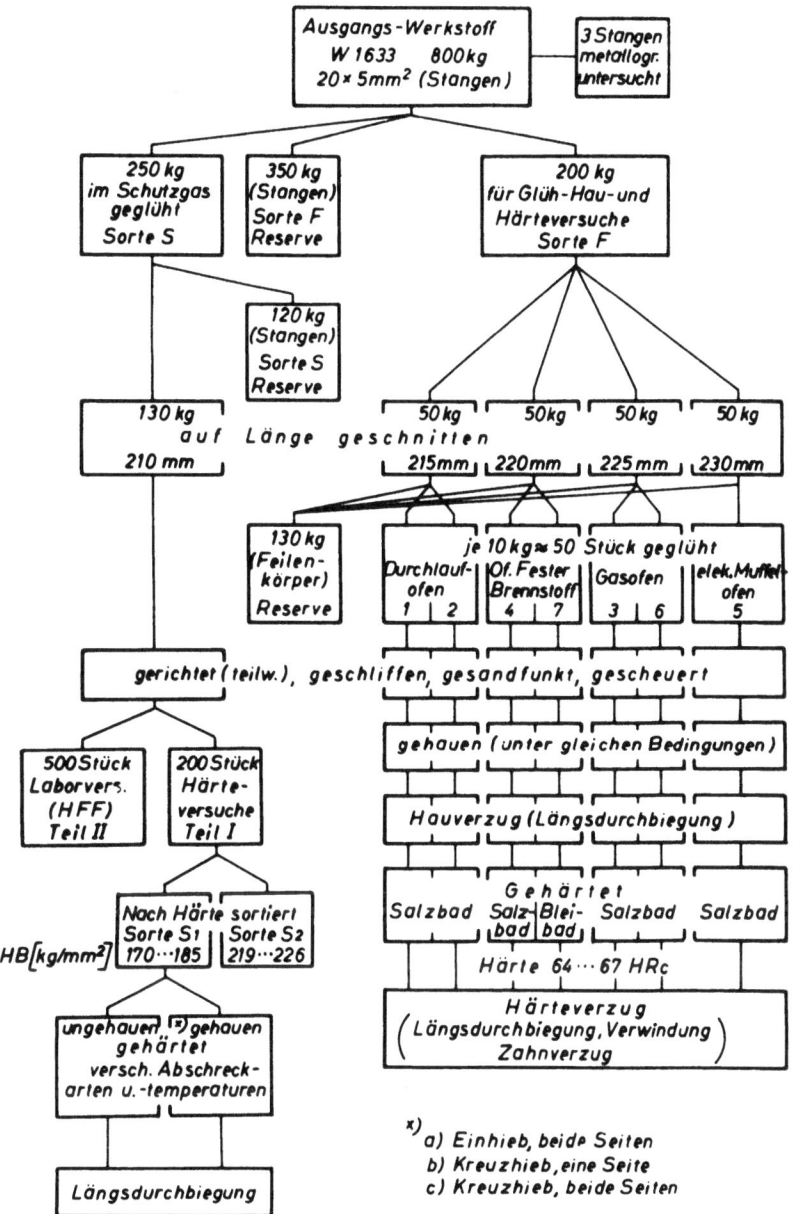

Abbildung 3

Ausgangswerkstoff, seine Weiterverarbeitung und Verwendung für die Untersuchungen

Von den angelieferten Stangen wurden für die Versuche Feilenkörper in unterschiedlichen Längen zur leichteren Unterscheidung der verschiedenen Glühbehandlungen (s. Tab. 2 und 4) abgeschnitten, und zwar von der "Sorte S" 700 Feilenkörper (ca. 230 kg) 210 mm lang, von der "Sorte F" je 250 Stück (ca. 50 kg) 215; 220; 225 und 230 mm lang.

Außerdem erfolgte die Kennzeichnung der Feilenkörper an einem flachen Ende durch Einschlagen von Zahlen (Abb. 4); die linke Ziffer entspricht der sich durch die verschiedene Glühbehandlung ergebenden Gruppe, die rechten Ziffern sind die laufende Nummer.

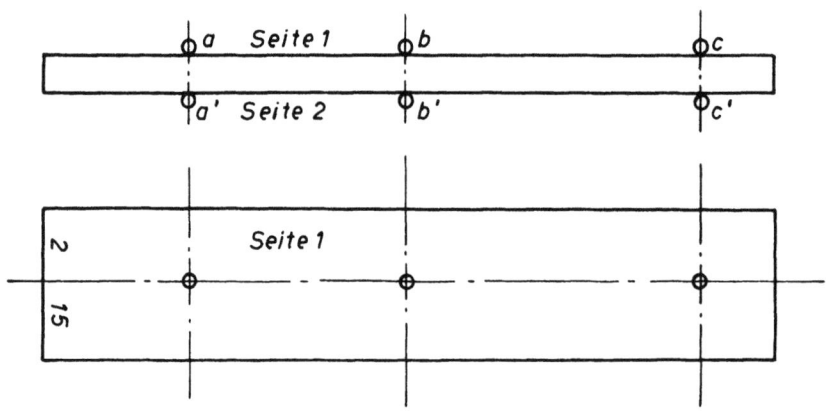

Abbildung 4
Kennzeichnung der Feilenkörper und Härtemeßstellen

Sämtliche Feilenkörper wurden von einer Firma zum Hauen vorbehandelt, d.h., gerichtet, geschliffen, gefunkt und gescheuert. Von beiden Seiten wurden 0,2 mm abgeschliffen, auf der schmalen Kante wurde nur der Zunder beseitigt.

Erfahrungsgemäß hat das Glühgefüge bzw. die damit zusammenhängende Härte einen Einfluß auf die Zahnform. Nach der Vorbehandlung erfolgte daher die Härteprüfung. Zunächst wurden 2 von 20 ausgewählten Feilenkörpern (Nr. 1 und 2) auf Härte geprüft. Es ergaben sich auf beiden Flachseiten an verschiedenen Stellen a b c und a' b' c' (Abb. 4) Härtewerte, die in den üblichen Grenzen der Genauigkeit schwankten. Daher wurde bei den weiteren Feilenkörpern 3 bis 20 nur die Stelle c auf ihre Härte geprüft. Die Meßergebnisse sind in Tabelle 1 enthalten.

Die Härte der untersuchten 20 Feilenkörper liegt zwischen HB 168 und 226 kg/mm^2, die errechnete Festigkeit zwischen 62 und 82 kg/mm^2.

Aus der bildlichen Darstellung nachstehender Werte (Abb. 5) geht deutlich hervor, daß die Feilenkörper zwei verschiedenen Härtegruppen zuzuordnen sind. 75 % der Feilenkörper (= 15 Stück) mit einer Härte HB 168 bis 184 kg/mm^2 und einer Festigkeit von 60 bis 67 kg/mm^2 sind nach bisherigen Erfahrungen zum Hauen gut geeignet, was später auch durch Versuche bestätigt wird (s. Abschn. 2). 25 % der Feilenkörper (Nr. 1; 4;

17; 19; 20) mit einer Härte HB 220 bis 226 kg/mm^2 und einer Festigkeit von 79 bis 82 kg/mm^2 sind zum Hauen als zu hart zu bezeichnen.

T a b e l l e 1

Härte von schutzgasgeglühten Feilenkörpern Sorte S

lfd. Nr.	Brinell-Härte HB 30/5 [kg/mm^2] Seite		errechnete Festigkeit [kg/mm^2] Seite		Prüfstelle
	1	2	1	2	
1	219	224	79	81	a bzw. a'
	224	226	81	81	b " b'
	226	226	81	81	c " c'
2	180	180	65	65	a " a'
	182	182	66	66	b " b'
	185	184	67	66	c " c'
3	175	-	63	-	c
4	222	-	80	-	c
5	180	-	65	-	c
6	172	-	62	-	c
7	170	-	61	-	c
8	179	-	64	-	c
9	180	-	65	-	c
10	168	-	60	-	c
11	173	-	62	-	c
12	180	-	65	-	c
13	182	-	66	-	c
14	182	-	66	-	c
15	173	-	62	-	c
16	174	-	63	-	c
17	222	-	80	-	c
18	179	-	64	-	c
19	222	-	80	-	c
20	223	-	80	-	c

Wegen der unterschiedlichen technologischen Eigenschaften dieser beiden Feilenkörpergruppen und der dadurch bedingten unterschiedlichen Eignung zum Hauen hätten sämtliche Feilenkörper zur Aussortierung nach der Härte stückweise geprüft werden müssen. Um diese langwierige, klassische Härteprüfung zu vermeiden, wurde untersucht, ob gleiche Unterschiede mit einer schneller und zerstörungsfrei arbeitenden, auf ferromagnetischen Eigenschaften beruhenden Methode erzielt werden konnten.

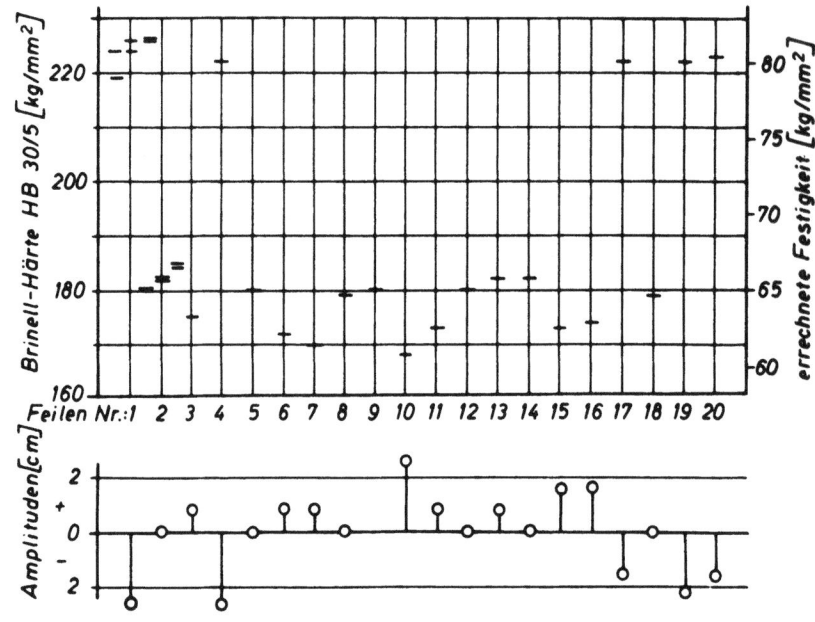

Abbildung 5

Vergleichende Untersuchung von Feilenkörpern

oben: Härte und Festigkeit

unten: Ergebnisse mit dem Magnatest-Q-Gerät

Hierfür stand das Magnatest-Q-Gerät (Abb. 6) zur Verfügung, dessen Prüfprinzip darauf beruht, daß die ferromagnetischen Eigenschaften des in die Spule I eingelegten Prüflings mit denen eines in Spule II eingeführten Normals, dessen Eigenschaften bekannt sein müssen, verglichen werden.

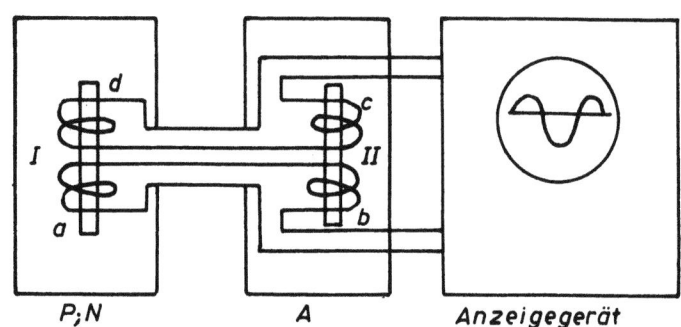

Abbildung 6

Magnatest-Q-Verfahren (Prinzip)

I u. II Spulen   A Abgleichstück   N Normal   P Prüfling

Auf dem Schirm einer BRAUNschen Röhre entsteht dann ein Kurvenzug, der innerhalb bestimmter, vorher festgelegter und den zulässigen Abweichungen der Härtewerte entsprechenden Grenzen liegen muß. Die zur Untersuchung vorgesehenen Feilenkörper wurden dieser Prüfung unterzogen. Es ergab sich dabei, daß die Kurven auf dem Bildschirm des Magnatest-Q-Gerätes (Abb. 7) ebenfalls zwei Gruppen erkennen lassen, die den auf Grund der Härteprüfung ermittelten Unterschieden entsprechen. Ein Vergleich ist auch möglich, wenn an Stelle der ganzen Kurven nur deren Amplituden ermittelt werden. Sie sind in Abbildung 5 (unten) eingetragen.

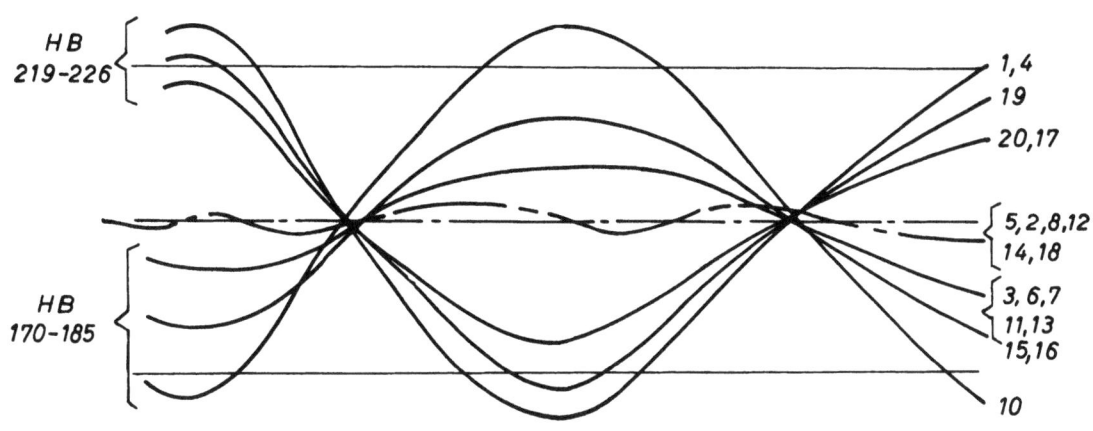

Abbildung 7
Magnatest-Kurven von Feilenkörpern
verschiedener Härte HB 30/5 [kg/mm^2]

Wie ersichtlich, ergaben sich eindeutige Zusammenhänge; so z.B. liegen die Amplituden der härteren Feilenkörper Nr. 1; 4; 17; 19; 20 (Härte HB 30/5 220 bis 226, Festigkeit 79 bis 82 kg/mm^2) im Magnatest-Q-Gerät bei ca. -2 cm, die der übrigen Feilenkörper (Härte HB 168 bis 184, Festigkeit 60 bis 67 kg/mm^2) zwischen 0 und +2,5 cm.

Auffällig ist, daß der weichste Feilenkörper Nr. 10 (Festigkeit unter 61 kg/mm^2) auch im Magnatest-Q-Gerät als Außenseiter erkennbar ist.

Somit konnten die Feilenkörper mit dem Magnatest-Q-Gerät sortiert werden. Es waren also von den im Schutzgas geglühten Feilenkörpern zwei Gruppen zu unterscheiden, die vorzugsweise für Hauversuche verwendet wurden.

T a b e l l e 2

Gruppe	Härte HB 30/5 [kg/mm^2]	errechnete Festigkeit [kg/mm^2]	Kennzeichen
S 1	170 bis 185	60 bis 67	1
S 2	219 bis 226	79 bis 82	2

3. Verzug der Feilenkörper

3.1 Härteverzug bei ungehauenen Feilenkörpern

Einfluß der Abschreckbadtemperatur und der Taucharten

Um zu eindeutigen Ergebnissen zu kommen, wurde, wie erwähnt, eine Reihe von Einflußgrößen ausgeschaltet bzw. konstant gehalten.

Es erschien zweckmäßig, zunächst den Einfluß des Härtens auf die Längsdurchbiegung bei ungehauenen, in gleicher Weise glühbehandelten Feilenkörpern zu untersuchen. Hierfür standen 39 Feilenkörper Nr. 2 bis 40 von dem in Schutzgas geglühten Feilenstahl Sorte S_2 zur Verfügung.

Die Erwärmung wurde im gleichen Salzbadofen bei einer Temperatur von 780° C vorgenommen. Das Abschrecken erfolgte nach verschiedenen Methoden in konzentrierter Kochsalzlösung mit einem spezifischen Gewicht von ca. 1,2 bei Temperaturen von 30° C (Feilenkörper Nr. 2 bis 20) bzw. 70° C (Feilenkörper Nr. 21 bis 40).

Tabelle 3 enthält Angaben über 4 Taucharten A bis D.

T a b e l l e 3

Taucharten beim Abschrecken von Feilenkörpern

A	senkrecht langsam, dabei 10 cm hin- und herpendeln
B	schräg unter 45° langsam, dabei 10 cm hin- und herpendeln
C	senkrecht spiralig (Spirale ca. 10 cm ⌀) langsam
D	senkrecht schnell, dabei 10 cm hin- und herpendeln wie bei Tauchart A

Die einzelnen Taucharten A, B, C, D wurden bei je 5 Feilenkörpern angewandt.

Die Messung der Längsdurchbiegung erfolgte auf einer Tuschierplatte mittels einer Meßuhr, die auf die Mitte der Feile aufgesetzt wurde.

Bei dieser an sich einfachen Meßmethode muß die jeweilige Dicke des Feilenkörpers von dem gemessenen Wert abgezogen werden.

Abbildung 8 enthält die Ergebnisse bei ungehauenen Feilenkörpern, bei denen zur Vereinfachung der Darstellung alle Durchbiegungen positiv aufgetragen wurden.

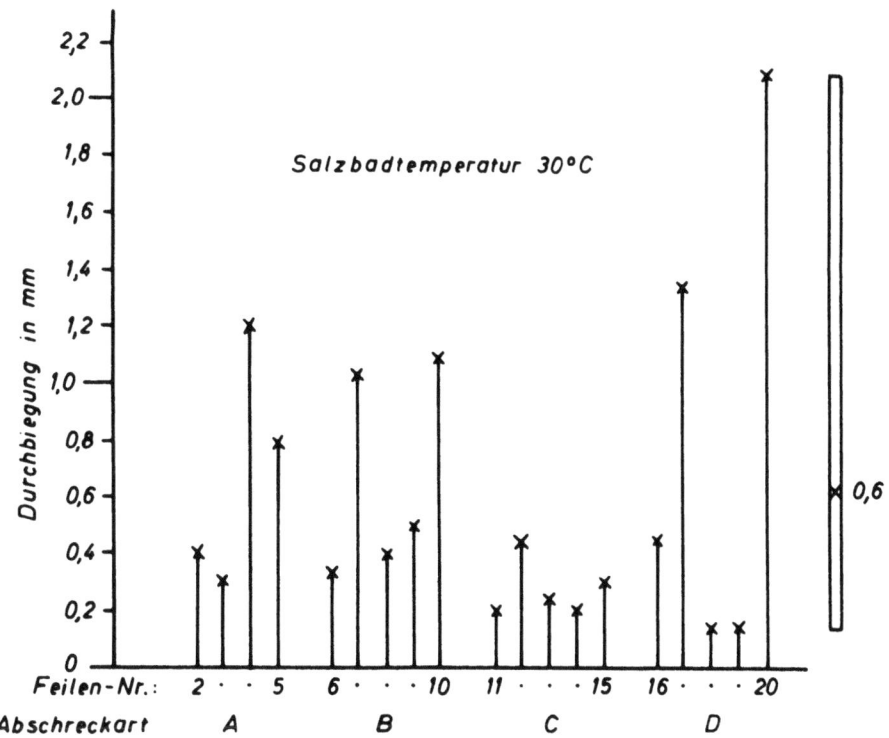

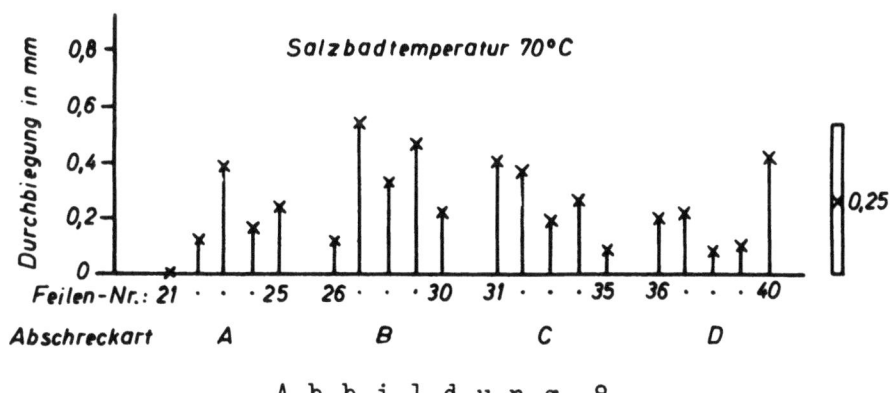

A b b i l d u n g   8

Längsdurchbiegung von ungehauenen Feilenkörpern
nach Salzbadhärtung - (verschiedenartig abgeschreckt)
rechts: Ergebnis von je 20 Feilenkörpern (Extrem- u. Mittelwerte (x))

Wie ersichtlich, sind die Durchbiegungen bei einer Temperatur des Salzbades von 30° C erheblich größer (0,1 bis 2,1 mm; Mittelwert 0,6 mm) als bei einer Badtemperatur von 70°C (0 bis 0,5 mm, Mittelwert 0,25 mm).

Entscheidend aber ist, daß die notwendige Härte HR_c 64 ± 4 bei 30° C, nicht aber bei 70° C (hier nur HR_c 38 ± 4) erreicht wurde.

Die verschiedenen Abschreckarten haben bei 70° C Badtemperatur auf die Längsdurchbiegung keinen nennenswerten Einfluß. Bei 30° C lieferte die Tauchart C (senkrechtes, spiraliges Eintauchen) den geringsten Verzug.

3.2 Einfluß des Hauens auf den Verzug des Feilenkörpers
Längsdurchbiegung, Verwindung

Zur Ermittlung der durch das Hauen bedingten Einflüsse auf den Feilenverzug standen 120 Feilenkörper (41 bis 160) der gleichen Sorte S zur Verfügung wie für die Härteversuche mit ungehauenen Feilenkörpern.

Beim Hauvorgang wird die entsprechende Feilenseite gestreckt; in der Feilenoberfläche entstehen Druckspannungen, die einen starken Verzug hervorrufen. Als Regel zeigt sich, daß sich die gehauene bzw. die zuerst gehauene Seite konvex durchbiegt (Abb. 9a, c), daraus ist zu folgern, daß die bei der zuerst gehauenen Seite auftretenden Oberflächenspannungen durch das Hauen der gegenüberliegenden 2. Seite nicht völlig ausgeglichen werden können (vgl. b und c).

Alle Längsdurchbiegungen von gehauenen Feilenkörpern, bei denen die mit der Kennzahl gekennzeichnete Seite konvex war, sollen als positiv angesehen werden.

In Abbildung 9 wurden die Längsdurchbiegungen der gehauenen Feilenkörper vor dem Härten dargestellt, und zwar a) für einhiebig auf beiden Flachseiten gehauene Feilenkörper, b) für einseitigen Kreuzhieb und c) für zweiseitigen Kreuzhieb.

Die Längsdurchbiegung (0,15 mm im Mittel) bei einhiebig, beidseitig gehauenen Feilen ist geringer als bei Kreuzhiebfeilen.

Da die größten Oberflächenspannungen senkrecht zum Hieb verlaufen, ist es erklärlich, daß einhiebige Feilen grundsätzlich windschief werden (0,25 mm im Mittel). Zum Längsverzug kommt also noch eine Verwindung hinzu, die bei den untersuchten Feilenkörpern im Mittel 2° betrug.

Längsdurchbiegung und Verwindung müssen vor dem Härten durch Richten beseitigt werden. Zweiseitig gehauene Feilen weisen geringere Längsdurchbiegung auf als einseitig gehauene Feilenkörper, im Kreuzhieb gehauene Feilen haben geringere Verwindung.

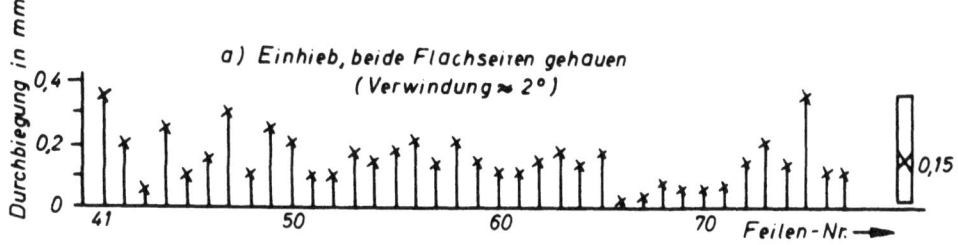
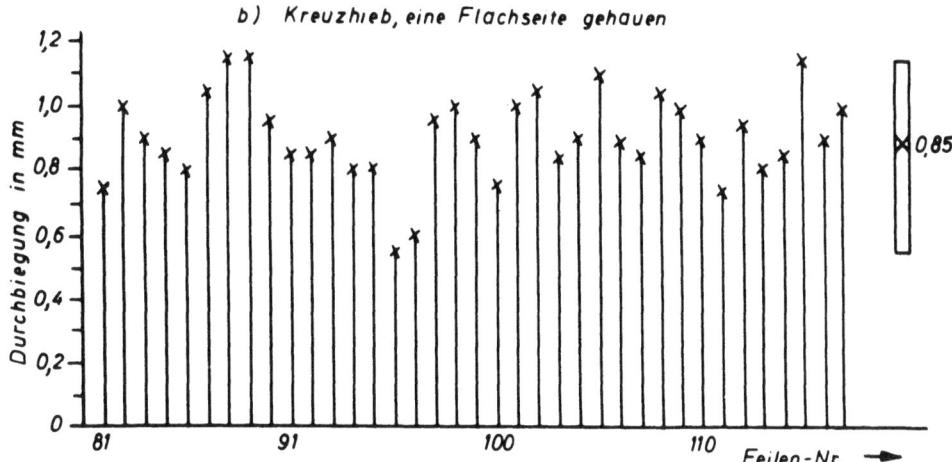
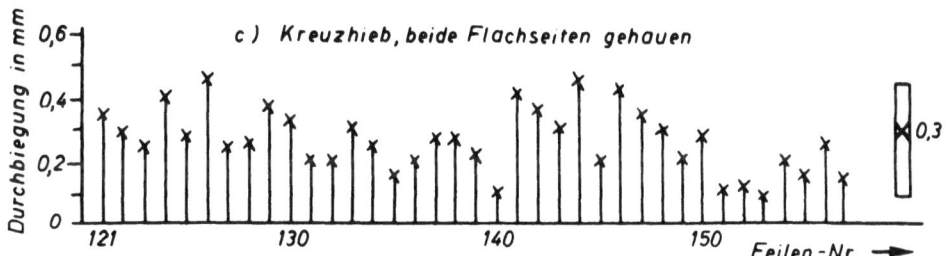

Abbildung 9

Längsdurchbiegung von gehauenen Feilenkörpern

rechts: Ergebnis von je 37 Feilenkörpern (Extrem- und Mittelwerte (x))
(Nr. 8/41-160) (230x20x4,8)

Tabelle 4 (S. 20) enthält Angaben über die Hiebarten und Salzbadeigenschaften.

3.3 Härteverzug bei gehauenen Feilenkörpern

Das Härten beeinflußt das "Verziehen" von Feilenkörpern, und zwar korrigiert es teilweise den "Hauverzug", teilweise wird er beim Härten größer. Die gehauenen Feilenkörper gemäß Tabelle 4 bzw. Abbildung 9 wurden für die Härteversuche bei verschiedenen Temperaturen des Abschreckbades und verschiedenen Taucharten verwendet.

Tabelle 4

Hiebarten und Salzbadeigenschaften

lfd. Nr. der Feilenkörper	Hiebart	Abschreckbad [°C]	spez.Gew.
8 41 bis 60	Einhieb zweiseitig 15 Hiebe/cm	30	1,24
8 61 bis 80	" "	70	1,18
8 61 bis 100	Kreuzhieb einseitig Unterhieb 13 H/cm Oberhieb 15 H/cm	30	1,24
8 101 bis 120	" "	70	1,18
8 121 bis 140	Kreuzhieb zweiseitig Unterhieb 13 H/cm Oberhieb 15 H/cm	30	1,24
8 141 bis 160	" "	70	1,18

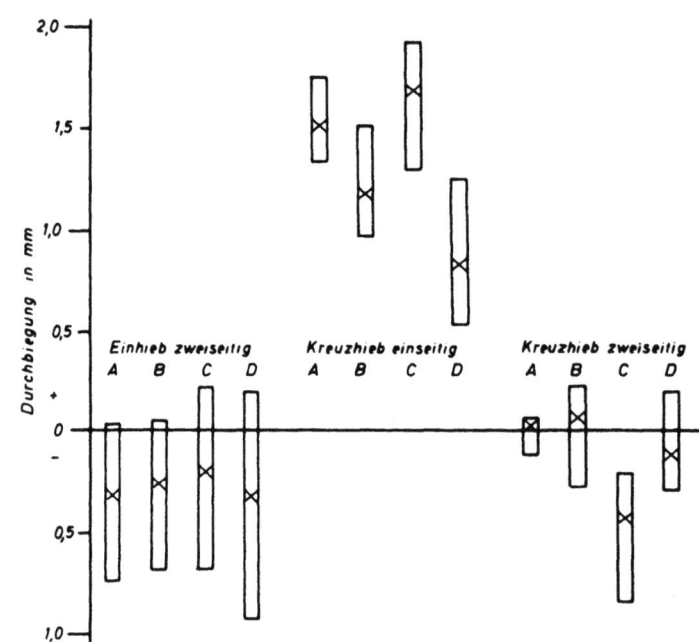

Abbildung 10

Längsdurchbiegung von gehauenen Feilenkörpern nach Salzbadhärtung bei 70° C

A bis D verschiedenartige Abschreckarten, Mittelwerte (x) u. Streuungen

Die Mittelwerte und Streuungen der Längsdurchbiegung von je fünf gehauenen Feilenkörpern nach der Salzbadhärtung bei 30° C sind in Abbildung 11 und bei 70° C in Abbildung 10 enthalten. Wegen der geringen Feilenhärte, die bei Abschrecktemperaturen von 70° C erzielt wird, haben die Ergebnisse gemäß Abbildung 10 für die Praxis keine Bedeutung.

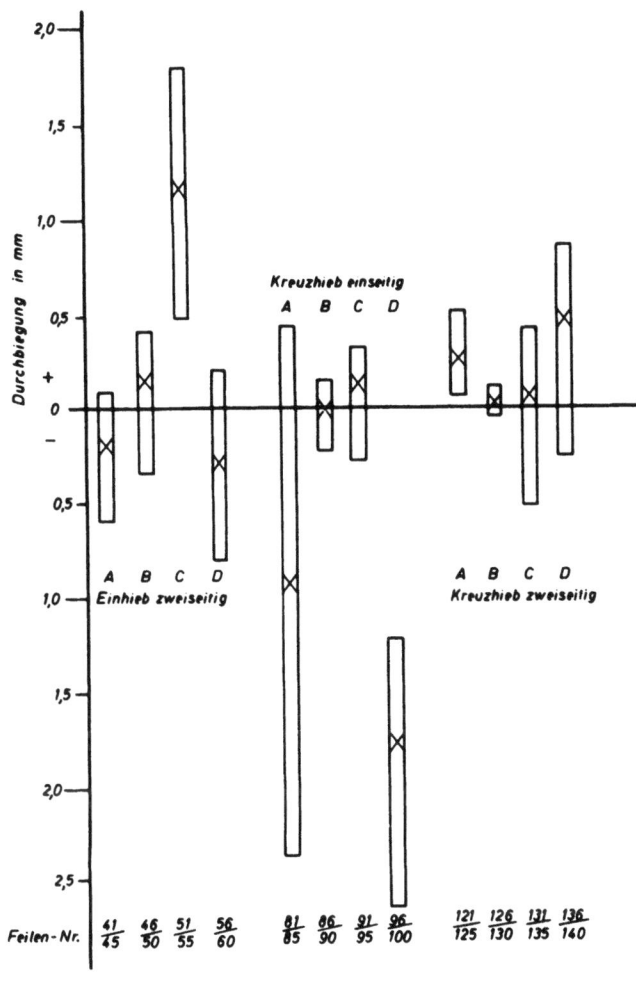

Abbildung 11
Längsdurchbiegung von gehauenen Feilenkörpern
nach Salzbadhärtung bei 30° C
A bis D verschiedenartige Abschreckarten, Mittelwerte (x) und Streuungen

Auf die Längsdurchbiegung wirken sich die Abschreckarten A, B, C, D ganz verschieden aus, je nachdem, ob es sich um ein- oder zweiseitig gehauenen Einhieb bzw. Kreuzhieb handelt. Allgemein ist der Verzug bei einer Temperatur des Abschrec bades von 30° bei den verschiedenen Abschreckarten größer als bei 70° C, und zwar sowohl hinsichtlich des Mittelwertes als auch hinsichtlich der Streuungen.

Für zweiseitigen Einhieb sind die Abschreckarten A, B und D die günstigsten, für einseitigen Kreuzhieb die Abschreckarten B und C und für zweiseitigen Kreuzhieb die Abschreckarten A, B, C.

4. Einfluß der Glühbehandlung auf den Feilenverzug

4.1 Allgemeines zur Glühbehandlung

Während in bisherigen Versuchen der Verzug des ganzen Feilenkörpers bei <u>gleicher</u> Glühbehandlung, jedoch bei verschiedenen Abschrecktemperaturen und Abschreckmethoden sowie unterschiedlichen Hiebarten untersucht wurde, dienten weitere Versuche dazu, den Einfluß der <u>verschiedenen</u> Glühbehandlungen und des Härtens auf den Verzug des Feilenkörpers und der Zahnform zu ermitteln. Dabei wurde der Einfluß des Hauens bei allen Feilenkörpern konstant gehalten.

Als Ausgangswerkstoff für die Glühbehandlung vor dem Hauen wurde die Sorte F (ca. 200 kg) verwendet, und je 50 kg entsprechend den vier verschiedenen Glühbehandlungen (Durchlaufofen, Ofen für festen Brennstoff, Gasofen, elektrischer Muffelofen) in vier unterschiedlichen Längen 215 bis 230 mm geschnitten. Hiervon wurden je Glühofen 50 Feilenkörper (ca. 10 kg) eingesetzt und gemäß Tabelle 5 glühbehandelt (Rest Reserve), (Abb. 3).

Tabelle 5

Art des Ofens bzw. des Brennstoffes	Glühtemperatur [°C]	Glühdauer [h]	Feilenkörper Länge [mm]	Kennzeichen
Durchlaufofen	810 bis 820	12	215 ± 1	
fester Brennstoff	730 bis 750	24	220 ± 1	4
" "	730 bis 750	24	220 ± 1	7
Gas	730 bis 750	24	225 ± 1	3
Gas	730 bis 750	24	225 ± 1	6
Elektr. Muffelofen	730 bis 750	24	230 ± 1	5

Die glühbehandelten Feilenkörper wurden unter gleichen Bedingungen wie die bisher in Versuchen verwendeten Feilenkörper zum Hauen vorbehandelt (geschliffen, gesandfunkt, gescheuert).

Beide Flachseiten wurden dann von demselben Feilenhauer unter gleichen Bedingungen (hinsichtlich Haumeißel, Feilenhaumaschine Typ Amerikaner Nr. 5, Hammerwinkel 77,5° und Schlagwucht) einhiebig gehauen.

In Tabelle 6 sind Härtewerte, die mit den einzelnen Glüh- und Wärmebehandlungsverfahren erreicht wurden, zusammengestellt.

Tabelle 6

Glüh- und Härtebehandlung

Gruppe der Feilenkörper	Glühen (vor dem Hauen)	Härten Bad [°C]	Härte HR_c
1	Schutzgasofen	Salzbad 790	ca. 65
2	Schutzgasofen	Salzbad 790	ca. 65
3	Gas	Salzbad 790	65 bis 66
4	fester Brennstoff	Salzbad 790	64 bis 67
5	Elektr. Muffelofen	Salzbad 780	65 bis 66
6	Gas	Salzbad 760	66 bis 67
7	fester Brennstoff	Bleibad 785	65 bis 66

Das Abschrecken erfolgte in konzentrierter Kochsalzlösung bei den gleichen Firmen, die die Glühbehandlungen vorgenommen hatten.

Die Meßergebnisse (Längsdurchbiegung und Spanwinkel vor und nach dem Härten) wurden in Schaubildern dargestellt (Abb. 12).

4.2 Einfluß der Glühbehandlung auf die Längsdurchbiegung

Während alle Längsdurchbiegungen vor dem Härten trotz verschiedener Glühbehandlungen nach der gleichen Seite lagen und durchschnittlich 1 mm betrugen, ergaben sich nach dem Härten andere, teilweise auch entgegengesetzte Durchbiegungen, z.B. bei Gruppe 6 (Glühen im Gasofen, Salzbadhärtung) und bei Gruppe 7 (Glühen im Kohleofen, Bleibadhärtung). Da die Durchbiegungen der verschieden geglühten Feilenkörper vor dem Härten und auch die Endhärte (64 bis 67 HR_c) praktisch als hinreichend gleich anzusehen waren, ist anzunehmen, daß der Unterschied der Längsdurchbiegung bei den Härteversuchen (Abschnitt 3.1) durch das Abschreckbad (Temperatur, Konzentration) und die Art des Schwenkens hervorgerufen wurde.

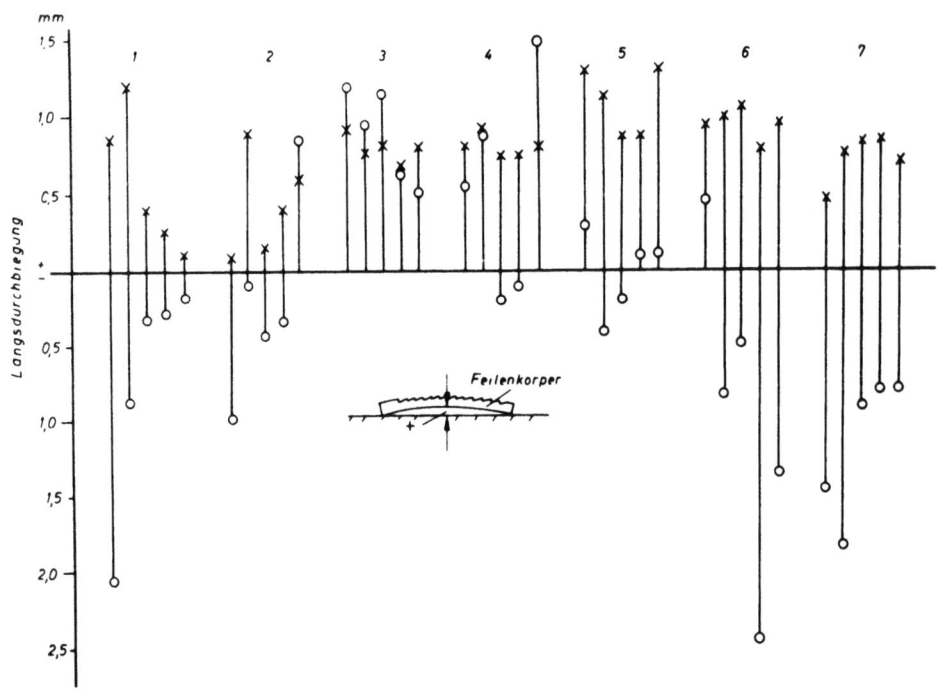

Abbildung 12
Längsdurchbiegung von gehauenen Feilenkörpern
vor (x) und nach (o) dem Härten

4.3 Einfluß der Glühbehandlung auf die Zahnform

Für die Daten des verwendeten Hartmetall-Haumeißels Nr. 11 (Vorderwatenwinkel $V = 17,5°$, Hinterwatenwinkel $W = 46°$) und für die Haumaschine (Hammerwinkel $H = 77,5°$) läßt sich der theoretische Spanwinkel C nach folgender Formel berechnen:

$$C = 90° - (H + v)$$
$$C = -5°$$

Die Mittelwerte der Spanwinkel vor und nach dem Härten wurden mit Profil-Mikroskopen der Firma E. Leitz und vergleichsweise mit dem vom I.f.W. entwickelten Feilenmikroskop mit einer Genauigkeit der Einzelmessung von $\pm 1°$ festgestellt. Durch Mittelwertbildung aus je drei Messungen wurde eine Genauigkeit der Mittelwerte von $\pm 0,5°$ und höher erreicht.

Nach dem Härten änderten sich die Spanwinkel nach beiden Richtungen, und zwar bis $\pm 4°$. Bei zweiseitig gehauenen Feilen der Sorte S 1 (Härte vor dem Hauen HB 170 bis 185 kg/mm^2) waren sowohl Durchbiegung als auch Zahnverzug verhältnismäßig gering im Gegensatz zur Sorte S 2 (HB 219 bis 226 kg/mm^2).

Der theoretisch errechnete Spanwinkel (-5°) wurde nur in 3 von 20 Fällen erreicht, wie die Nachmessung auf dem Feilenprofil-Mikroskop ergab. Der gemessene Spanwinkel betrug im Durchschnitt etwa -2°.

Die geringsten Änderungen des Spanwinkels durch das Härten wurden bei der Gruppe 3 (Gasglühung, Salzbadhärtung) ermittelt. Auch bei dem Härteverfahren für die Gruppe 4 war der Zahnverzug gering bzw. bis +1,5° positiv. Dagegen weisen die Gruppen 5, 6 und 7 verhältnismäßig große Änderungen, teils in positivem, teils in negativem Sinne auf. Bemerkenswert ist, daß bei den letzten beiden Gruppen 6 und 7 auch die Längsdurchbiegung größer war als bei den anderen Gruppen. Ob ein Zusammenhang zwischen Längsdurchbiegung und Zahnverzug besteht, kann allerdings auf Grund dieser Feststellung nicht mit Sicherheit behauptet werden.

5. Zusammenfassung

In Vorversuchen wurde ermittelt, welche der vielfältigen Einflußgrößen konstant zu halten waren, damit die Auswertung der vorgesehenen Versuche nicht erschwert wurde. Dabei stellte sich heraus, daß auch die Härte aller geglühten Feilenkörper berücksichtigt werden mußte.

Es konnte nachgewiesen werden, daß man die Härte statt mit der exakten, klassischen Brinellprüfung auch auf einfache Weise mit dem Magnatest-Q-Gerät (durch Vergleich mit einem Normal) bestimmen kann. Es muß jedoch erwähnt werden, daß die Voraussetzungen für die Zuverlässigkeit dieser Art der Prüfung (gleicher Ausgangswerkstoff, gleiche Abmessungen und Vorbehandlung) gegeben sein müssen (und bei den Untersuchungen im Institut vorhanden waren); der Einfluß des Schmiedens von Angel und Spitze am Feilenkörper vergrößert die Streuung der Anzeige, so daß ein eindeutiges Sortieren nach Härtewerten dann fraglich ist.

Bei einseitig gehauenen Feilen tritt ein verhältnismäßig großer Längsverzug auf. Im vorliegenden Falle war dieser etwa 3mal größer als bei zweiseitig gehauenen Feilen.

Einhieb-Feilen werden zudem auch noch windschief, und zwar mehr bei einseitigem als bei doppelseitigem Hieb. Der geringste Längsverzug wurde bei zweiseitig gehauenen Kreuzhiebfeilen beobachtet, die außerdem keine für die Praxis bedeutende Verwindung aufweisen.

Die Längsdurchbiegung war bei vier verschiedenen Taucharten und bei zwei Temperaturwerten des Abschreckbades hinsichtlich Größe und Streuung unterschiedlich.

Der Verzug von Feilenkörpern, die bei verschiedenen Firmen geglüht und gehärtet, sonst aber unter gleichen Bedingungen hergestellt wurden, war stark unterschiedlich. Es muß also mehr als bisher auf das zweckmäßige Glühen und Härten unter genauer Einhaltung der erforderlichen Temperaturen, der Glühdauer und der für die betreffende Hiebart zweckmäßigen Tauchart geachtet werden.

Ein verhältnismäßig geringer Zahnverzug wird erzielt, wenn die Feilen möglichst weich geglüht sind (Härte vor dem Hauen etwa 180 kg/mm^2). Der praktisch gemessene Spanwinkel war durchschnittlich weniger negativ als der theoretisch errechnete.

Nach dem Härten trat ein Verzug des Spanwinkels bis $\pm 4°$ auf.

Dr.-Ing. Eginhard BARZ

Teil II

Der Umformvorgang beim Feilenhauen

Gliederung

1. Einleitung .... S. 31
2. Grundlegende Betrachtungen über den Hauvorgang .... S. 31
3. Versuche .... S. 33
   3.1 Feilenhaumaschine .... S. 33
   3.2 Feilenhaumeißel .... S. 38
   3.3 Feilenkörper .... S. 43
   3.4 Schmierung .... S. 44
4. Der Umformvorgang beim Feilenhauen .... S. 44
   4.1 Vorgänge beim Einzelhieb .... S. 44
      4.11 Einzelhiebe bei verschiedener Schlagwucht .... S. 47
      4.12 Einfluß der Watenrundung auf das Zahnprofil ... S. 47
      4.13 Das Zahnprofil am Feilenrand .... S. 50
   4.2 Vorgänge beim Reihenhieb .... S. 50
      4.21 Einfluß der Hiebfolge auf die Zahnbildung .... S. 50
      4.22 Einfluß der Hiebteilung auf das Zahnprofil ... S. 53
   4.3 Der Einfluß der Feilenkörperhärte auf das Zahnprofil . S. 53
   4.4 Die Zahnform und Zahnoberfläche bei verschieden rauhen Feilenrohlingen .... S. 54
   4.5 Der Einfluß der Anschliffrichtung des Feilenhaumeißels auf die Rauheit des Feilenzahnes .... S. 56
5. Erkenntnisse zum Bewegungsablauf des Feilenhauvorganges . S. 57
6. Schlußbemerkung und Zusammenfassung .... S. 61

Verzeichnis der Abkürzungen und Bezeichnungen .... S. 63

Literaturverzeichnis .... S. 64

1. Einleitung

Nach grundlegenden Betrachtungen über den Vorgang beim Feilenhauen werden im folgenden die benutzten Versuchsvorrichtungen beschrieben und über Voruntersuchungen berichtet, die den Untersuchungsbereich dieses bis heute noch wenig erforschten Umformvorganges abstecken sollten.

Im Vordergrund der Untersuchungen stand die Entstehung des Zahnprofiles beim Schlagen mit verschieden großer Schlagwucht und unterschiedlich gerundeten Meißelschneiden. Beide Einflüsse werden zunächst am Einzelhieb betrachtet, hernach wird der Einfluß der Nachbarkerben auf die Zahnform ermittelt. Die Untersuchungen am Dauerhieb beschränkten sich im wesentlichen auf den Einfluß der Hiebteilung und der Feilenkörperhärte.

Eine eigene Versuchsreihe widmeten wir der Beziehung zwischen der Oberfläche des Feilenrohlinges sowie des Haumeißels und der Feilenzahnoberfläche.

Abschließend geht der Bericht auf die Bewegungsverhältnisse zwischen dem Haumeißel und dem Feilenkörper während des Hauvorganges ein; Vorgänge, die sehr verwickelt sind und noch nicht restlos geklärt werden konnten.

Die im Bericht verwendeten Kurzzeichen wurden dem in der gleichen Reihe unter der Nr. 445 erschienenen Forschungsbericht [1] entnommen. Sie sind im Verzeichnis auf Seite 63 zusammengestellt.

2. Grundlegende Betrachtungen über den Hauvorgang

Innerhalb der Umformtechnik ist das Feilenhauen als ein Teilgebiet der Erzeugung von Rillen [8] zu betrachten, wobei durch ein keil-, doppelkeil-, kegel- oder kugelförmiges Werkzeug, welches in die Werkstückoberfläche eindringt, Vertiefungen derart eingebracht werden, daß der größere Teil des Werkstoffes als Erhöhung zu beiden Rillenseiten aufgeworfen wird. Im besonderen Fall des Feilenhauens dringt ein keilförmiges Werkzeug schlagartig im Hammerwinkel H schräg zur Feilenkörperoberfläche ein und wirft den Werkstoff aus der Rille zu einem Zahnprofil auf.

Mit dem Auftreffen der Meißelschneide auf den Feilenkörper beginnt die elastische Formänderung. Ihr schließt sich von der Meißelschneide ausgehend eine plastische Formänderung an, bei der der Werkstückstoff von den Meißelwaten nach beiden Seiten verdrängt und der Feilenzahn aufgeworfen wird. Der in den Werkstoff eindringende Meißel kommt zum Stillstand, wenn seine ihm von der Haumaschine verliehene kinetische Energie von der Formänderungsarbeit und der an den Meißelschneiden entstehenden Reibarbeit aufgezehrt worden ist.

Der Umformvorgang hängt von dem örtlichen und zeitlichen Beanspruchungsverlauf im Werkstück, sowie vom Werkstoffverhalten ab. Der Beanspruchungsverlauf ist wiederum abhängig von der Gesamtheit der am Werkstück angreifenden Kräfte. Die Kräfteverteilung unterliegt aber zahlreichen Einflüssen, denen hier nicht im einzelnen nachgegangen werden kann, zumal sie größtenteils noch nicht erforscht sind. Deshalb soll hier nur ein Überblick über die Einflüsse gegeben werden, mit dem gleichzeitigen Versuch einer systematischen Ordnung.

Die Einflüsse lassen sich nach vier Hauptgesichtspunkten einteilen:

1. Werkzeugmaschine
2. Werkzeug
3. Werkstück
4. Sonstiges.

Tabelle 7

Einflußgrößen auf den Umformvorgang beim Feilenhauen

Werkzeugmaschine	Hauptgeometrie	Stellung des Werkzeuges zum Feilenkörper (Hammerwinkel H Hiebwinkel M, N)
		Werkstückhalter (Niederhalter)
	Kinematik des Hauvorganges	Relativbewegung des Meißels zum Werkstück
	Dynamik des Hauvorganges	Kinetische Energie des Hammers
Werkzeug	Makrogeometrie	Watenwinkel V, W; Schneidenwinkel U; Watenrundung
	Mikrogeometrie	Oberfläche der Meißelwaten und Schartigkeit der Meißelschneide
	Werkstoff	chem. Zusammensetzung, Gefüge, Zustand (Härte, Festigkeit usw.)
Werkstück	Makrogeometrie	Feilenkörperform (Flach-, Vierkant-, Halbrund-, Rundform) Abmessungen
	Mikrogeometrie	Werkstückoberfläche
	Werkstoff	chem. Zusammensetzung, Gefüge, Zustand (Härte, Festigkeit usw.)
Sonstiges	Schmierung	Schmiermittel, Schmierungsart

Innerhalb dieser Hauptgesichtspunkte ergeben sich jeweils weitere Unterteilungsmöglichkeiten. Man erhält so ein vierstufiges Ordnungsschema (Tab. 7), das sich natürlich noch verfeinern läßt.

Alle Größen, die den Umformvorgang beeinflussen, wirken gleichzeitig mehr oder weniger stark auf die Zahnform ein. Ihre große Anzahl zwingt dazu, die am stärksten einwirkenden und zugleich für die Praxis wichtigsten Größen auszuwählen und ihren Einfluß auf die Zahnform zu untersuchen.

3. Versuche

3.1 Feilenhaumaschine

Für die Versuche wurde meinem Institut eine von der Firma Siepers Söhne hergestellte Feilenhaumaschine Bauart "Amerikaner Nr. 5" zur Verfügung gestellt (Abb. 13).

A b b i l d u n g 13
Feilenhaumaschine mit stetigem Vorschub

Abbildung 14
Die Wirkstelle der Feilenhaumaschine

Der Feilenkörper liegt an einem Anschlag auf dem Maschinentisch und wird durch einen Niederhalter (Drücker) auf diesem festgespannt (Abb. 14). Während der Maschinentisch durch einen stetig arbeitenden Spindelvorschub den Feilenkörper am Haumeißel entlang führt, bewegt sich dieser 1500mal in der Minute auf und ab und wirft bei jedem Hub einen Feilenzahn auf.

Der Hammer wird über einen Hebel (Übersetzungsverhältnis etwa 1 : 1) von zwei Daumenscheiben angehoben, die von einem Elektromotor über einen Riementrieb angetrieben werden. Bei der Aufwärtsbewegung wird gleichzeitig die Schlagfeder zusammengedrückt, bis am Ende der Hubkurve der Hebel plötzlich freigegeben wird und der Hammer mit dem Spannkopf und dem Meißel unter der frei werdenden Federkraft und der Schwerkraft abwärts stößt (Abb. 15).

Die Hublage und damit der Meißelweg sind durch einen Spindeltrieb stufenlos verstellbar. Ebenfalls kann die Vorspannung der Schlagfeder über ein Handrad während des Betriebes stufenlos verändert werden. Der Hammerwinkel H ist durch Schwenken des Hammers zwischen 73 und 77° stufenlos zu verstellen. Er wurde bei allen Versuchen auf 75° eingestellt. Der Schlitten, auf dem der Feilenkörper liegt, wird von einer Spindel, deren Antrieb von der Daumenscheibenwelle über Riemen abgenommen wird, am Hammer vorbei bewegt; zur Änderung der Vorschubgeschwindigkeit sind die Riemenscheiben auswechselbar angeordnet. Die Vorschubgeschwindigkeit bestimmt den Hiebabstand bzw. die Hiebanzahl je Längeneinheit. In einer Versuchsreihe wurden der Hiebabstand und die Hiebfolge variiert, um ihren Einfluß auf das Zahnprofil kennenzulernen.

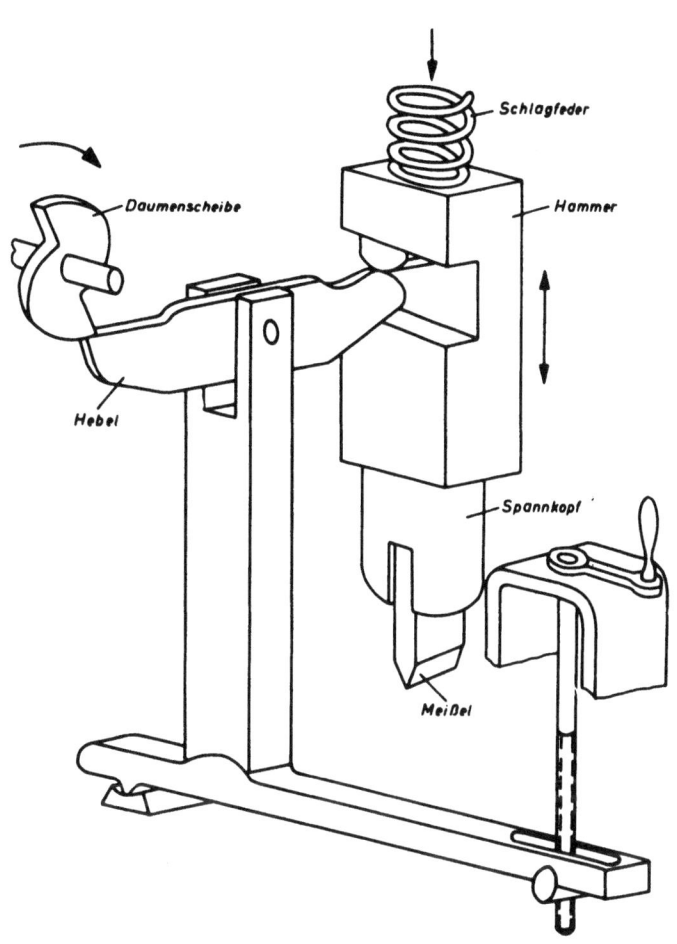

A b b i l d u n g 15
Schematische Darstellung der Hublagenverstellung
an der Feilenhaumaschine

Der Feilenkörper ist auf dem Schlitten mit einem über Fußhebel ausrückbaren Niederhalter festgespannt. Die Niederhalterkraft kann verändert werden. Wie Vorversuche zeigten, muß sie gerade so groß sein, daß sich der Feilenkörper nicht von der Auflage abhebt. Sie wurde deshalb bei allen Versuchen gleich, und zwar auf etwa 130 kg, eingestellt.

Die Größe des Feilenzahnes wird in erster Linie durch die kinetische Energie E_h, im folgenden Schlagwucht genannt, mit der der Meißel auf den Feilenkörper trifft, bestimmt. Sie ist aus einer Energiebetrachtung mit den in Abbildung 17 eingeführten Bezeichnungen zu bestimmen.

a) Zahnprofil normal zum Hieb in zehnfacher Vergrößerung
(Feilenwerkstoff: schwarz)

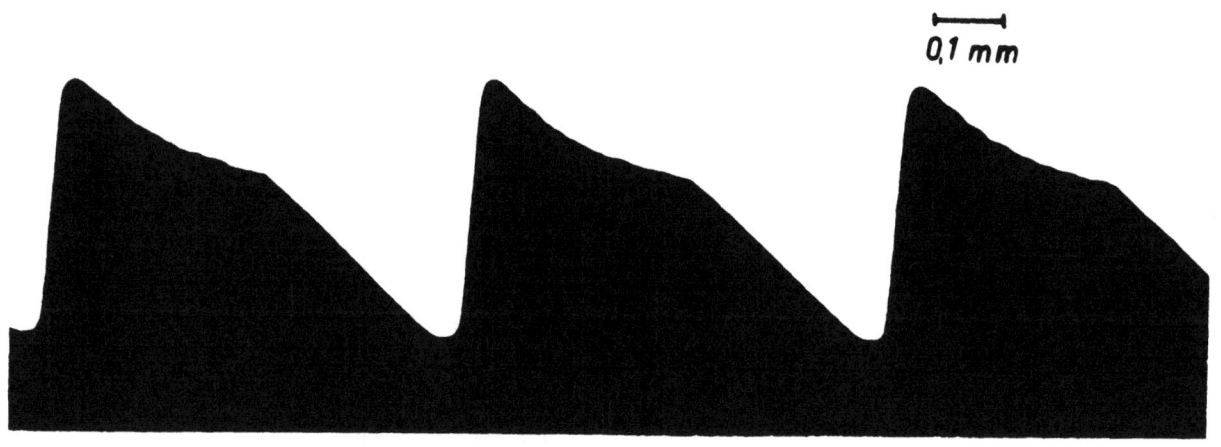

b) Zahnprofil normal zum Hieb in hundertfacher Vergrößerung
(Feilenwerkstoff: schwarz; Bild b seitenverkehrt zu Bild a)

A b b i l d u n g 16
Gleichmäßigkeit der Hiebe

Herstellung:

Werkzeugmaschine:	$V_f = 44$ kg; s = 6,5 mm; H = 75°
Werkzeug:	U = 85°; V = 19°; W = 32°
Werkstück:	Abmessung: 4,6 x 19,5 x 210 mm
	Dickenschwankung: ± 0,05 mm
	Härte: $H_b = 170 \pm 5$ kg/mm²

Herstellungsschwankungen:

In Feilenlängsrichtung:	Hiebzahl z = 16,2 ± 0,03 Hiebe/cm
	Hiebteilung t_H = 0,617 mm/Hieb
Normal zum Hieb:	Hiebzahl z' = 17,4 ± 0,03 Hiebe/cm
	Hiebteilung t'_H = 0,602 mm/Hieb
Hiebwinkel:	N = 69°10' (keine Schwankung meßbar)
Zahnhöhe:	h = 0,34 mm

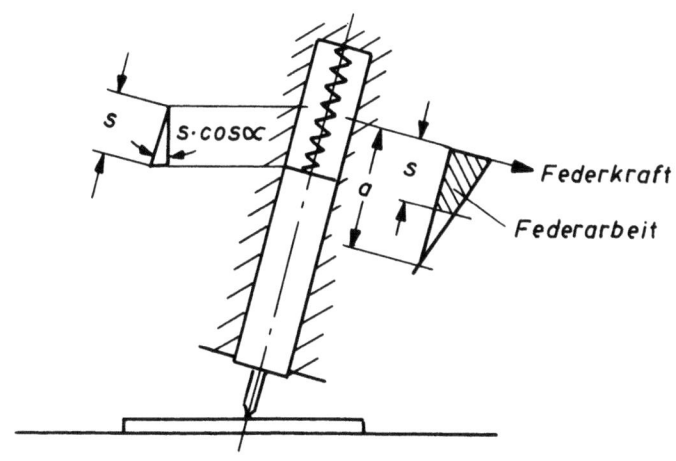

A b b i l d u n g 17
Bezeichnungen bzw. Berechnungen der Schlagwucht

E_h = kinetische Energie des Hammers
a = Auslenkung der Feder aus der Nullage
c = Federzahl = 8,34 kg/mm
s = Hammerweg
v = Hammergeschwindigkeit
m = Masse der bewegten Teile = 1,43 kg s²/m

Energie im oberen Umkehrpunkt = Energie im Auftreffpunkt
des Meißels   des Meißels

(1) $\quad 1/2\ c\ a^2 + m\ g\ s\ \cos\alpha \quad = \quad 1/2\ c\ (a-s)^2 + 1/2\ m\ v^2$

(2) $\quad v = \sqrt{s \cdot [\frac{c}{m}(2a-s) + 2g \cdot \cos\alpha]}$

und die Schlagwucht zu

(3) $\quad E_h = \frac{m}{2} v^2 = \frac{1}{2} m \cdot s \cdot [\frac{c}{m}(2a-s) + 2g \cos\alpha]$

Die Reibung in der Maschine blieb in dieser Rechnung unberücksichtigt.

Die Schlagwucht wurde durch Veränderung der Hublage - Meißelweg s - und Federvorspannung - V_f = c (a-s) - in einer Versuchsreihe verändert.

Im Betrieb regelt der Feilenhauer die Hublage und Vorspannung während des Hauvorganges ständig, um Unterschiede in der Härte und Dicke des Feilenkörpers auszugleichen. Zur Schaffung einwandfreier Versuchsbedingungen mußten wir umgekehrt gleichmäßig harte Feilenkörper auswählen und die Maschine fest einstellen. Daß auch unter diesen Bedingungen ein gleichmäßiger Hieb erzielt werden konnte, zeigt ein Schnitt durch den Feilenkörper normal zum Hieb (Abb. 16, s. S. 36). Dieses Ergebnis weist zugleich darauf hin, daß - solange die Feilenkörper hinsichtlich ihrer Dicke und Härte gleichmäßig sind - auf eine Regelung der Maschine von Hand verzichtet werden kann und somit einfach gebaute, selbsttätig arbeitende Maschinen denkbar wären.

3.2 Feilenhaumeißel

Für die Versuche standen Meißel aus Schnellstahl mit 18 % Wolfram, 4,5 % Chrom und 0,72 % Kohlenstoff zur Verfügung. Sie waren am Blatt bei etwa 1250° C in Öl gehärtet und etwa 2 Stunden bei 550° C angelassen worden.

Die Meißel schliffen wir ohne Fase mit einem Vorderwatenwinkel von V = 19°, einem Hinterwatenwinkel w = 32° und einem Schneidwinkel U = 85° an. Hierzu schufen wir uns an einer Werkzeugschleifmaschine für den Meißel eine Aufspannung, durch die die Waten sowohl längs als auch quer zur Schneide geschliffen werden konnten (Abb. 18 und 19). Die Meißelwinkel hielten wir bei allen Versuchen gleich und untersuchten in einer Versuchsreihe den Einfluß der Watenrundung auf die Zahnform.

A b b i l d u n g 18
Anschleifen des Haumeißels; Schleifrichtung längs zur Schneide

Um die Oberfläche der Meißelwaten ähnlich der in der Praxis vorkommenden zu gestalten, untersuchten wir die Oberfläche von zwei in verschiedenen Firmen hergestellten und benutzten Meißeln (Abb. 20 und 21). Beide Meißel bestanden aus dem gleichen Werkstoff und hatten 75 bzw. 40 Feilenseiten gehauen.

A b b i l d u n g 19

Anschleifen des Haumeißels; Schleifrichtung quer zur Schneide

Der Meißel 1 war quer zur Schneide maschinell geschliffen und danach längs zur Schneide von Hand abgezogen worden. Aus der Mikroaufnahme (Abb. 20b) der Meißelvorderwate erkennt man deutlich, daß die Schleifriefen durch das Abziehen vollständig beseitigt worden sind. Unmittelbar an der Schneide hebt sich der benutzte Bereich vom unbenutzten ab. Infolge der gleitenden Berührung mit dem Feilenwerkstoff sind die beim Abziehen entstandenen Riefen quer zur Schneide teils geglättet, teils abgetragen und dafür feine Riefen quer zur Schneide entstanden; letztere sind in der Oberflächenprofilaufnahme (Abb. 20c) deutlich zu erkennen. Die an der Schneide zusammenstoßenden Riefen der Vorder- und Hinterwate führen zu einer Schartigkeit, die in Abbildung 20d ersichtlich ist. Weil der Meißel nicht auf seiner ganzen Breite benutzt wurde, zeigt die rechte Seite beider Abbildungen (Abb. 20c, d) auch einen unbenutzten Meißelabschnitt. Der Meißel 2 (Abb. 21) unterscheidet sich vom Meißel 1 durch seinen Anschliff, der von Hand <u>längs</u> zur Schneide erfolgte. Bei nachfolgenden Abziehen in gleicher Richtung wurde auch bei diesem Meißel ein Teil der Schleifriefen beseitigt (Abb. 21b). Die Schartigkeit des benutzten Meißelteiles ist in Abbildung 21c deutlich zu erkennen.

Beide Meißel weisen darauf hin, daß die wirksamen Oberflächen der Meißel in erster Linie durch das Abziehen bestimmt werden, bei dem die vom Schleifen herkommenden Riefen fast vollständig beseitigt werden. Die durch Abziehen entstehende Oberfläche schwankt in nur engen Grenzen, so daß es sich nicht lohnt, ihren Einfluß auf den Feilenzahn zu unter-

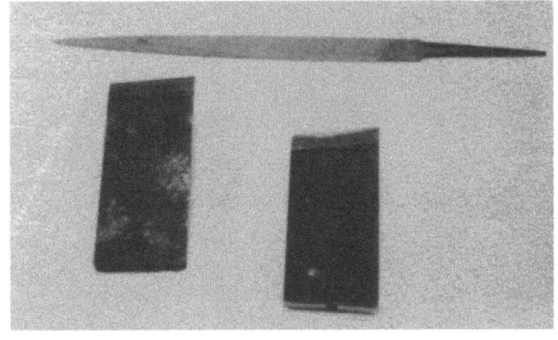

a) Übersicht

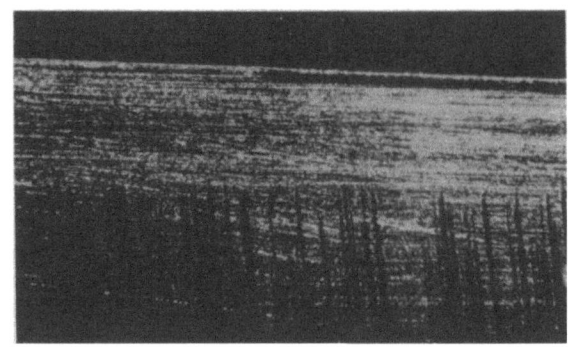

b) Vorderwate und Schneide

|←——————— benutzter Teil ———————→|

c) Oberfläche der Vorderwate; Profilschnitt längs zur Schneide

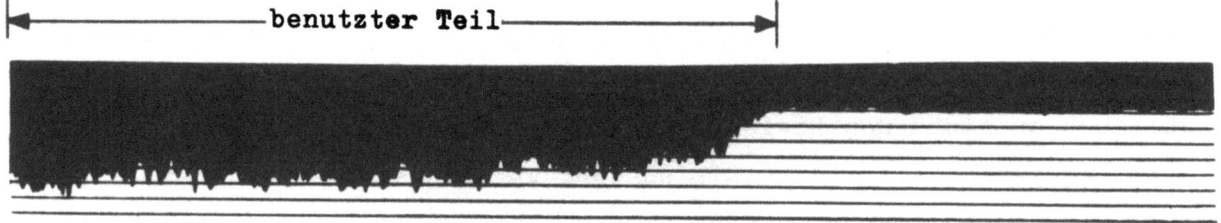

|←——————— benutzter Teil ———————→|

d) Oberfläche der Schneide; Profilschnitt der Schneide

A b b i l d u n g 20
Oberfläche des Meißels 1

<u>Werkzeug:</u>

Meißelwerkstoff: Schnellstahl
(0,72 % C, 18 % W, 2,5 % Cr)

Anschliff: maschinell
quer zur Schneide
von Hand längs zur Schneide
abgezogen.

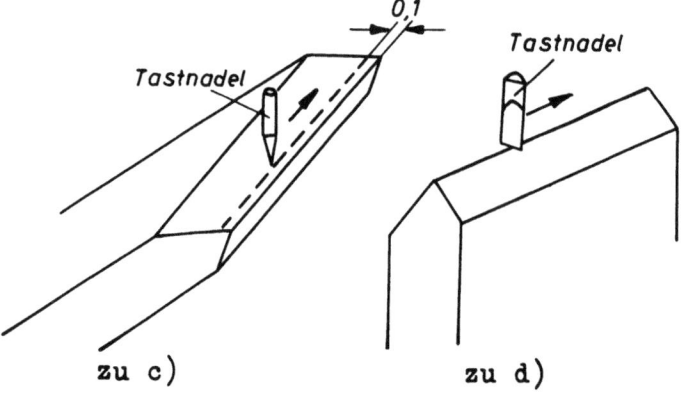

zu c)   zu d)
Meßstellen

<u>Werkstück:</u>

75 Seiten von Dreikantfeilen des Werkstoffes
140 Cr 3 gehauen.

<u>Bemerkungen:</u> Durch das Abziehen sind die quer zur Schneide liegenden Schleifriefen abgearbeitet.

suchen. Hingegen dürfte es für die Praxis von Interesse sein, festzustellen, inwieweit die Riefenrichtung - längs oder quer zur Schneide - sich auf die Feilenzahnoberfläche auswirkt. Ihr Einfluß wurde deshalb untersucht.

a) Übersicht

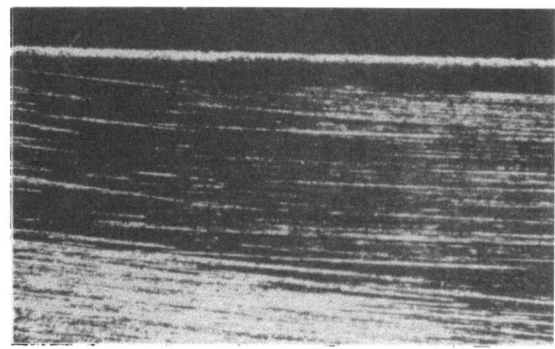

b) Vorderwate und Schneide

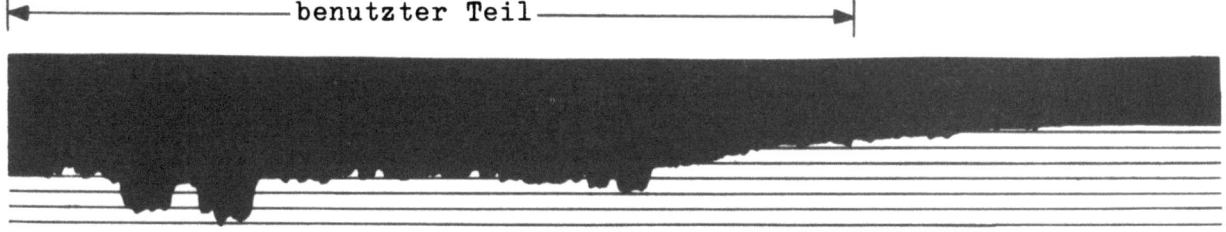

c) Oberfläche der Schneide; Profilschnitt der Schneide

A b b i l d u n g 21

Oberfläche des Meißels 2

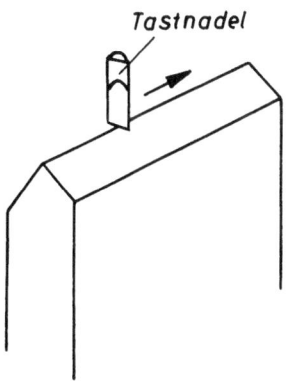

d) Meßstelle zu c)

Werkzeug:

Meißelwerkstoff: Schnellstahl
(0,72 % C, 18 % W, 2,5 % Cr)

Anschliff: von Hand quer zur Schneide angeschliffen und längs zur Schneide abgezogen.

Werkstück:

40 Seiten von Flachfeilen aus Feilenstahl F.C. Spezial vom Bochumer Verein gehauen.

Bemerkungen: Eine Profilaufnahme von der Vorderwatenoberfläche war wegen deren Balligkeit nicht möglich.

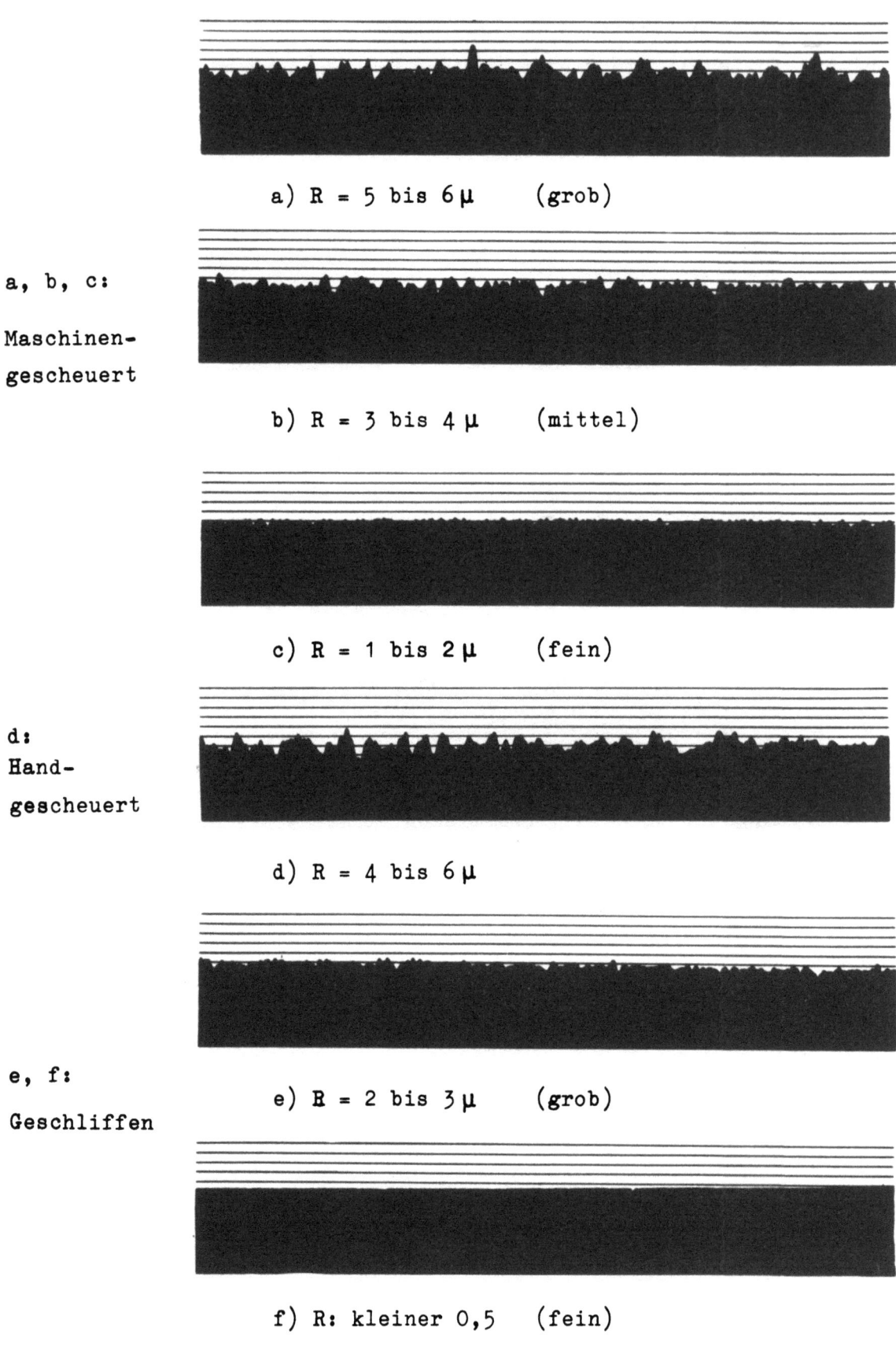

Abbildung 22
Oberfläche verschieden vorbehandelter Feilenkörper
(Profilschnitt in Feilenlängsrichtung: quer zu den Riefen)

3.3 Feilenkörper

Für die Untersuchungen standen 500 Feilenkörper der Abmessungen 4,6 x 19,5 x 210 mm aus einem 0,7 bis 0,8 % kohlenstoff- und 1,3 bis 1,45 % chromhaltigen Werkzeugstahl zur Verfügung. Die Rohlinge waren nach einem Schruppschliff gesandstrahlt und hernach gescheuert worden. Aus den Feilenkörpern wurden solche, deren Härte H_b = 170 kg/mm^2 betrug, ausgewählt. Um festzustellen, wie weit die Feilenkörperhärte auf die Zahnform einwirkt, haben wir ferner den härtesten und den weichesten Feilenkörper - H_b = 232 kg/mm^2 und H_b = 164 kg/mm^2 - in die Versuche einbezogen.

Zur Untersuchung der Einwirkung der Feilenkörperoberfläche auf die Zahnform war es erforderlich, bestimmte Oberflächen zu schaffen, die sich in ihrer Rauheit deutlich unterschieden. Um auch hier von den in der Praxis vorkommenden Oberflächenrauheiten auszugehen, sind Feilenkörper bei verschiedenen Firmen gescheuert und deren Oberflächen hernach mit dem Oberflächenmeßgerät nach FORSTER-LEITZ gemessen worden (Abb. 22). Der Untersuchung des Oberflächeneinflusses legten wir einen feingeschliffenen, einen gescheuerten mit der Rauheit von etwa 4 μ und einen gehobelten Feilenkörper zugrunde, während die übrigen Versuche mit feingeschliffenen Feilenkörpern durchgeführt wurden.

Abbildung 23
Aufgeschnittene Feilen

Zur Betrachtung des Zahnprofiles schnitten wir die Feilenkörper normal zum Hieb auf (Abb. 23), polierten die Schnittfläche und photographierten das durch einen Profilprojektor vergrößerte Feilenprofil.

3.4 Schmierung

Bei allen Versuchen wurde mit Schmierung gearbeitet. Als Schmiermittel verwandten wir Rüböl und Molykote Paste G.

4. Der Umformvorgang beim Feilenhauen

4.1 Vorgänge beim Einzelhieb

Dringt der Feilenhaumeißel beim ersten Hieb im Hammerwinkel H zur Feilenkörperoberfläche in den Werkstoff ein, so sollte man vermuten, daß der Werkstoff von der Vorder- und Hinterwate verdrängt und zu beiden Seiten des Meißels aufgeworfen wird, ähnlich wie es beim Einhauen von Rillen unter symmetrischen Verhältnissen (Abb. 24) der Fall ist.

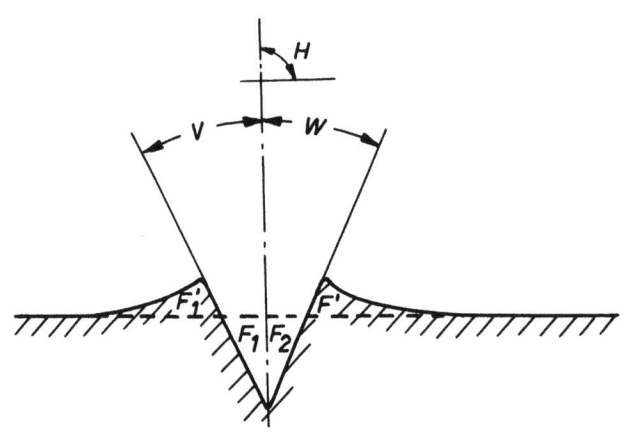

A b b i l d u n g 24
Rillenbildung unter symmetrischen Verhältnissen
$V = W$; $H = 90°$; $F'_1 = F_1$; $F'_2 = F_2$

Tatsächlich zeigen aber die Versuche, daß der Werkstoff fast ausschließlich an der Vorderwate verdrängt und zum Zahnprofil aufgeworfen wird, wie aus dem Schliffbild eines normal zum Hieb aufgeschnittenen Feilenkörpers deutlich hervorgeht (Abb. 25). Dieser Vorgang erklärt sich dadurch, daß die normal zur Vorderwate wirkende Kraftkomponente P_v (Abb. 26) nahezu parallel zur Feilenkörperoberfläche gerichtet ist, so daß die Vorderwate den Werkstoff ähnlich wie die Spanfläche eines Hobelmeißels verdrängt. Unter der senkrecht zur Hinterwate wirkenden Kraft-

A b b i l d u n g 25
Profilschnitt durch einen Hieb

komponente P_w (Abb. 26) hingegen kann der Werkstoff bildsam nur geringfügig ausweichen, weil sie in den Feilenkörper hinein gerichtet ist. Deshalb kommt es zwischen der Hinterwate und dem Feilenkörperwerkstoff zu einer hohen Flächenpressung, durch die der zur Vorderwate hin ausweichende Meißel auf Biegung beansprucht wird (Abb. 26), was auch durch spannungsoptische Aufnahmen des Umformvorganges zu belegen ist [1]. Dabei spielt ferner eine Rolle, daß die Vorschubgeschwindigkeit während des Umformvorganges nicht konstant bleibt.

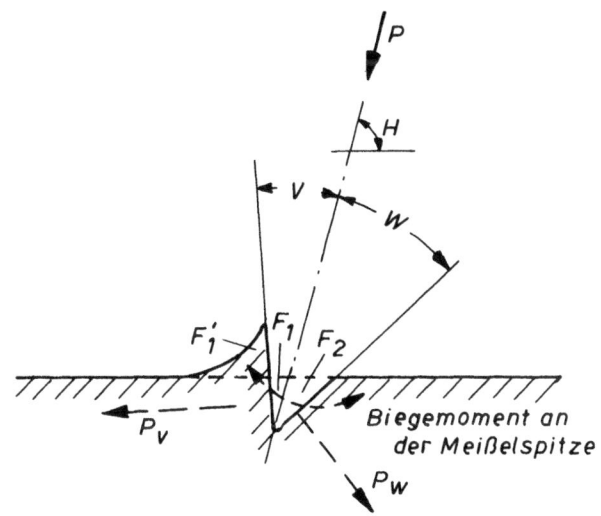

A b b i l d u n g 26
Rillenbildung beim Feilenhauen
$V = 19°$; $W = 32°$; $H = 75°$; $F'_1 \approx F_1 + F_2$

Nun dürfen wir bei diesem Umformvorgang den Feilenkörperwerkstoff als inkompressibel annehmen - bei ähnlichen Versuchsbedingungen verringerte sich das Volumen des Werkstoffes um weniger als 1°/oo - so daß das Volumen der Rille als gleich dem des Zahnprofiles angenommen werden darf. Das bedeutet bei symmetrischen Verhältnissen (Abb. 24), daß die Flächen $F_1 = F_1'$ und $F_2 = F_2'$, hingegen bei den vorliegenden Bedingungen (Abb. 26) $F_1 + F_2 = F_1'$ sein müssen. Tatsächlich fanden wir durch Ausmessen der Profilschnittbilder, daß der Querschnitt des Zahnprofiles (F_1' in Abb. 26) nur wenig kleiner war als der Rillenquerschnitt ($F_1 + F_2$ in Abb. 26). Daß die beiden verglichenen Querschnitte nicht genau gleich groß sind, ist verständlich, weil der verhältnismäßig dünne Feilenkörper (Feilendicke = 4,6 mm) durch die Keilwirkung des Meißels auf der gehauenen Seite gespreizt und dadurch um eine in Rillenrichtung liegende Achse verbogen wird (Abb. 27). Mit zunehmender Feilenkörperdicke nimmt die Verbiegung wegen der größeren Stützwirkung des unter der Rille liegenden Werkstoffquerschnittes ab. So verbog sich eine 25 mm dicke Feile längs einer Meßstrecke von 125 mm nur um etwa 0,05 mm im Gegensatz zu der 4,6 mm dicken Feile, bei der unter gleichen Bedingungen eine Verbiegung von 0,65 mm gemessen wurde (Abb. 27).

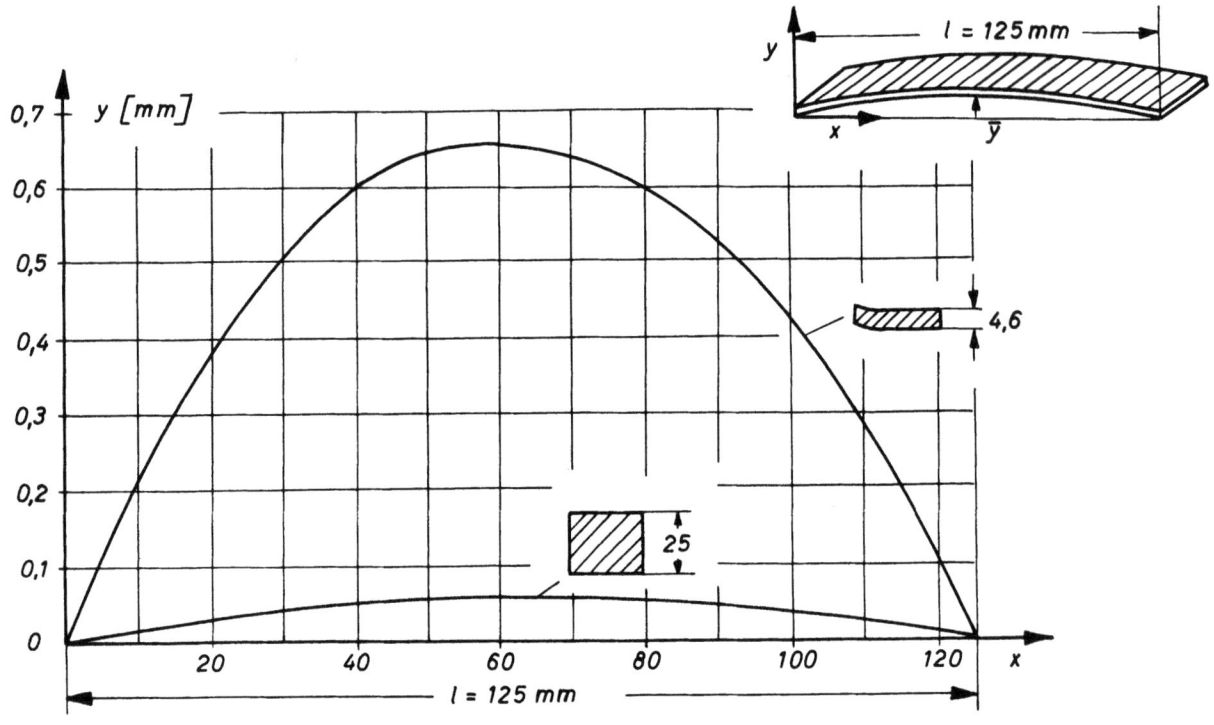

Abbildung 27
Durchbiegung an Feilen nach dem Hauen

4.11 Einzelhiebe bei verschiedener Schlagwucht

Die Aufwurfbildung ist in erster Linie von der Schlagwucht abhängig. Je größer die Schlagwucht - kinetische Energie - ist, mit der der Meißel auf die Feilenkörperoberfläche trifft, desto tiefer dringt er in diese ein und wirft einen um so höheren Zahn auf.

Die Schlagwucht ist nach Abschnitt 3.1 Gleichung (3) vom Meißelweg s und von der Schlagfedervorspannung V_f abhängig. Schlägt man mehrere Hiebe mit steigender Schlagwucht unter sonst gleichen Verhältnissen, so kann man an Hand der normal zu den Hieben gelegten Profilschnitte die Aufwurfbildung verfolgen. In Abbildung 28 sind fünf mit den in der gleichen Abbildung angegebenen Schlagfedervorspannungen und Meißelwegen geschlagene Zahnprofile übereinander gezeichnet. Verfolgen wir die Zahnbildung mit zunehmendem Eindringen des Meißels in den Feilenkörper, so erkennen wir, daß zunächst der Spanwinkel C längs der ganzen Spanfläche nahezu gleich bleibt. Erst bei großen Eindringtiefen (Abb. 28a, Profil 4, 5) biegt sich die Spitze des aufgeworfenen Zahnes etwas zurück - die Zahnspitze wird überworfen -, so daß der Spanwinkel zur Spitze hin abnimmt. Das ist verständlich, wenn man wieder an die Spanbildung von einem Hobelmeißel denkt, an dessen Spanfläche der Span abrollt (Abb. 28b).

4.12 Einfluß der Watenrundung auf das Zahnprofil

Um den Einfluß der Watenrundung auf das Zahnprofil festzustellen, wurden mit drei Meißeln verschiedener Watenrundung jeweils vier Hiebe mit unterschiedlicher Schlagwucht geschlagen und deren Profilbilder in einem Bild zusammengestellt (Abb. 29a bis c); die Schlagwucht der gleich bezeichneten Profile war gleich. Wie nicht anders zu erwarten ist, nimmt die Eindringtiefe des Meißels mit zunehmender Watenrundung ab. Ebenfalls wird der Watenrundungsradius am Grund der geschlagenen Kerbe genau abgebildet. Bedeutungsvoll ist hingegen, daß der Keilwinkel B des Zahnprofiles mit zunehmender Watenrundung vornehmlich auf Kosten des Freiwinkels A beträchtlich zunimmt. Hierdurch wird der Zahn zwar gegen die beim Feilen auf seine Spanfläche wirkende Normalkraft P_N widerstandsfähiger, doch ändern sich auch die Zerspanungsverhältnisse am Zahn grundsätzlich. Ferner beeinflußt die Watenrundung den Spanwinkel C an der Spitze des Zahnprofils. Mit zunehmender Watenrundung biegt sich die Zahnspitze bei gleich hohen Zähnen, d.h. bei gleicher Eindringtiefe des Meißels weniger zurück. So geht aus den Abbildungen 29a bis c hervor, daß bei einem Watenrundungsradius $r_s < 0,01$ mm bereits das Profil 1 (Abb. 29a), bei $r_s = 0,06$ mm das Profil 4 (Abb. 29b) und bei $r_s = 0,17$ mm (Abb. 29c) keines der Zahnprofile überworfen ist.

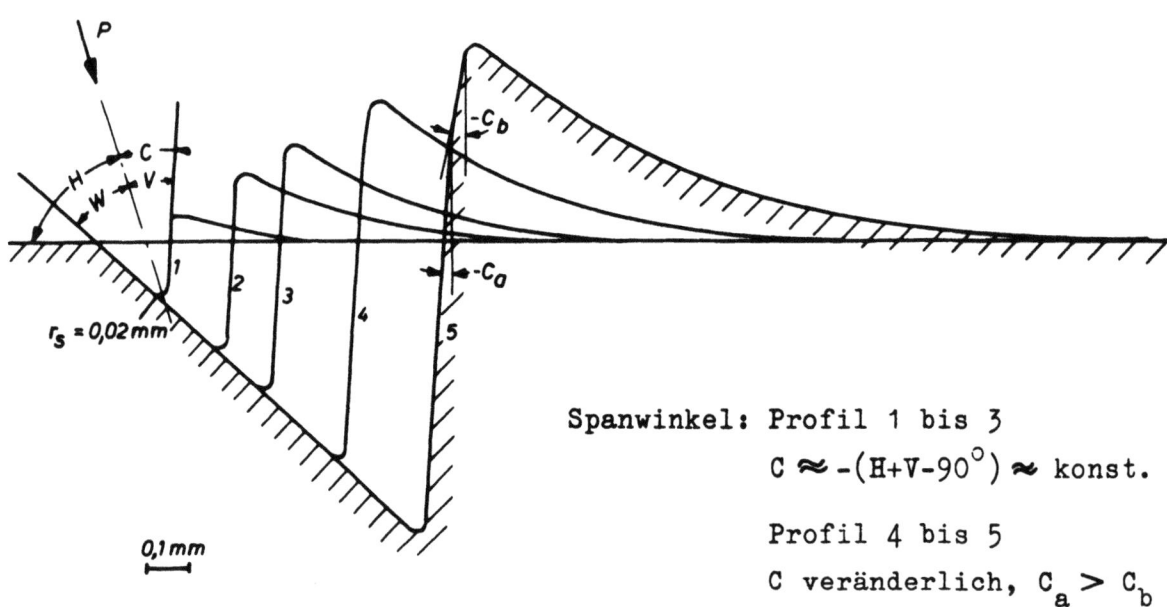

Spanwinkel: Profil 1 bis 3
$$C \approx -(H+V-90°) \approx \text{konst.}$$

Profil 4 bis 5
C veränderlich, $C_a > C_b$

Feilenmeißel:
H = 75°
V = 19°; W = 32°
$r_s \approx 0,02$ mm

Feilenkörper:
4,7 x 19,5 x 210 mm
Härte $H_b = 170$ kg/mm²
Oberfläche: fein geschliffen
Schmierung: Rüböl

Hieb Nr.	V_f [kg]	s [mm]
1	6	7,33
2	48	7,33
3	90	7,33
4	172	7,33
5	172	9,52

A b b i l d u n g 28a
Aufwurfbildung beim Hauen einzelner Kerben

A b b i l d u n g 28b
Spanbildung vor einem Hobelmeißel

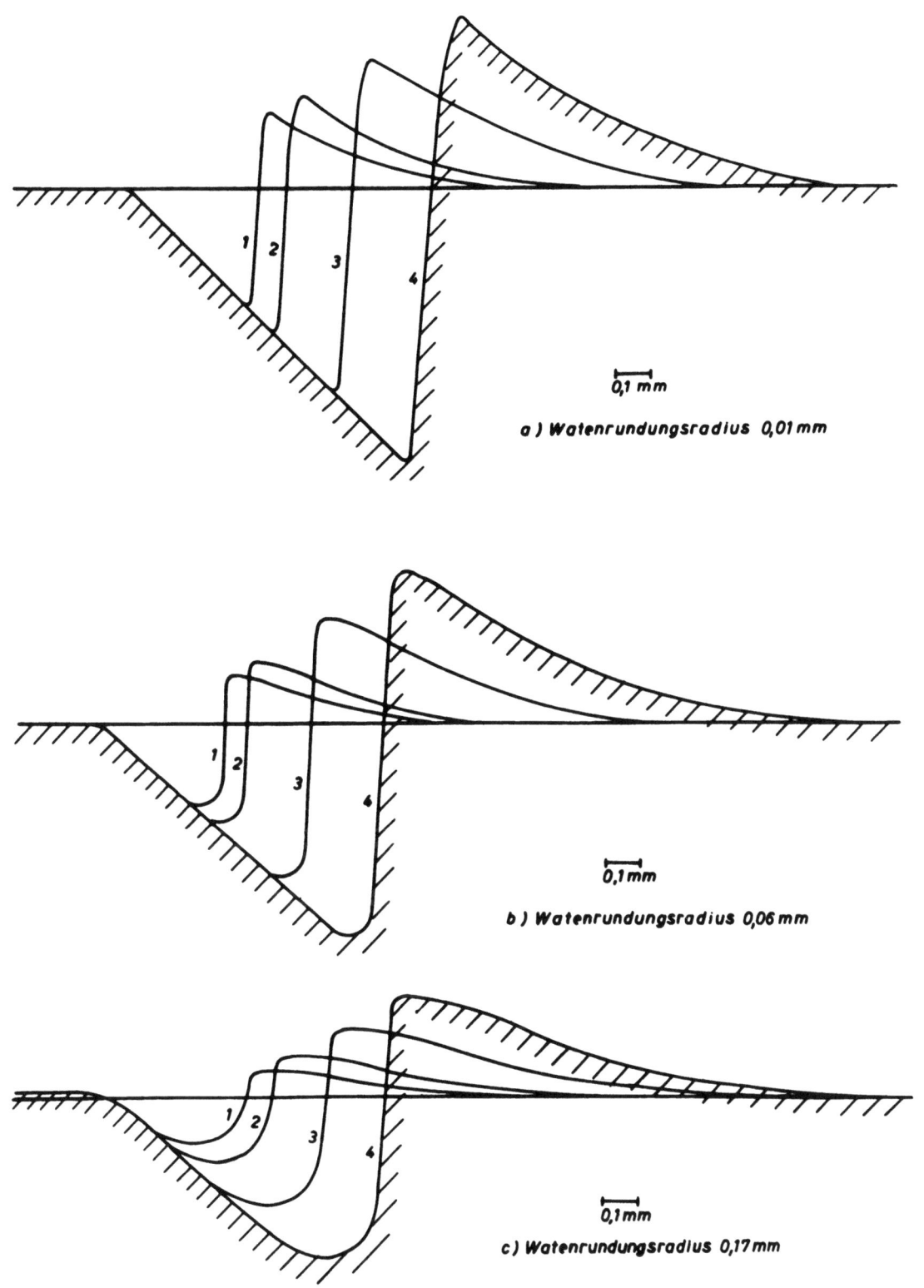

Abbildung 29a bis c

Aufwurfbildung beim Hauen von Kerben mit verschiedener Watenrundung

Feilenmeißel: $H = 75°$; $V = 19°$; $W = 32°$

Feilenkörper: $4,6 \times 19,5 \times 210$ mm; Oberfläche: fein geschliffen

Härte $H_b = 170$ kg/mm^2; Schmierung: Rüböl

4.13 Das Zahnprofil am Feilenrand

In senkrechter Richtung zur Vorderwate des Meißels wird der meiste Werkstoff verdrängt. Liegt der Hieb schräg zum Feilenrand, d.h., weicht der Hiebwinkel von 90° ab, so wird das Zahnprofil an beiden Feilenrändern unterschiedlich ausgebildet. Das zeigt eine Aufnahme der Spanfläche am Feilenrand a und b (Abb. 30).

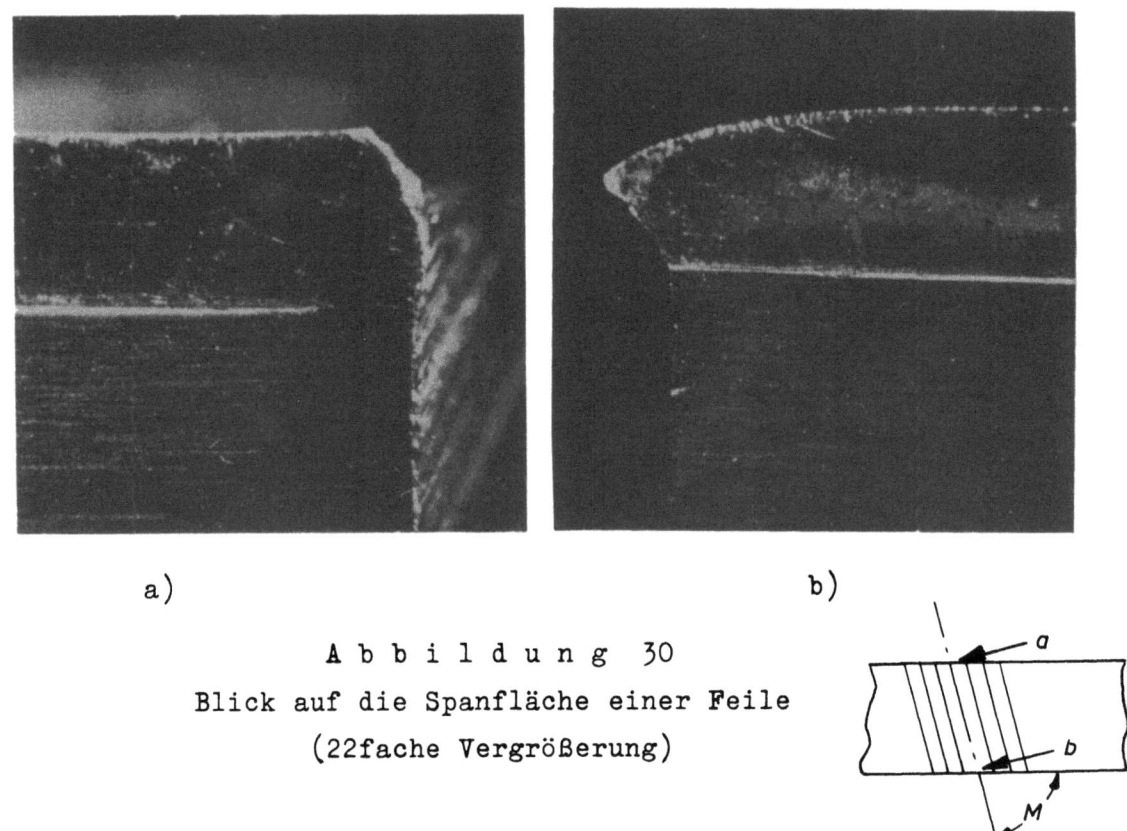

a) b)

A b b i l d u n g 30
Blick auf die Spanfläche einer Feile
(22fache Vergrößerung)

4.2 Vorgänge beim Reihenhieb

4.21 Einfluß der Hiebfolge auf die Zahnbildung

Beim Einzelhieb warf die Vorderwate des Meißels den Werkstoff zum Feilenzahn auf, während der Meißel an seiner Hinterwate abgestützt wurde, ohne nennenswert Werkstoff zu verdrängen. Das ist anders, wenn der Meißel in der heute üblichen Hiebfolge den zweiten Hieb ausführt. Nun befindet sich hinter der Hinterwate bereits eine Kerbe, die die Stützwirkung des an der Hinterwate befindlichen Werkstoffes herabsetzt. Hierdurch wird der vorher gehauene Zahn versetzt, seine Kerbe verengt und der neue Zahn weniger hoch aufgeworfen als der erste (Abb. 31).

Anders verläuft der Vorgang, wenn die heute übliche Haurichtung umgekert, die Feile also wie in früheren Zeiten von der Angel zur Spitze gehauen wird (Abb. 32b). Nun befindet sich vor der Vorderwate jeweils

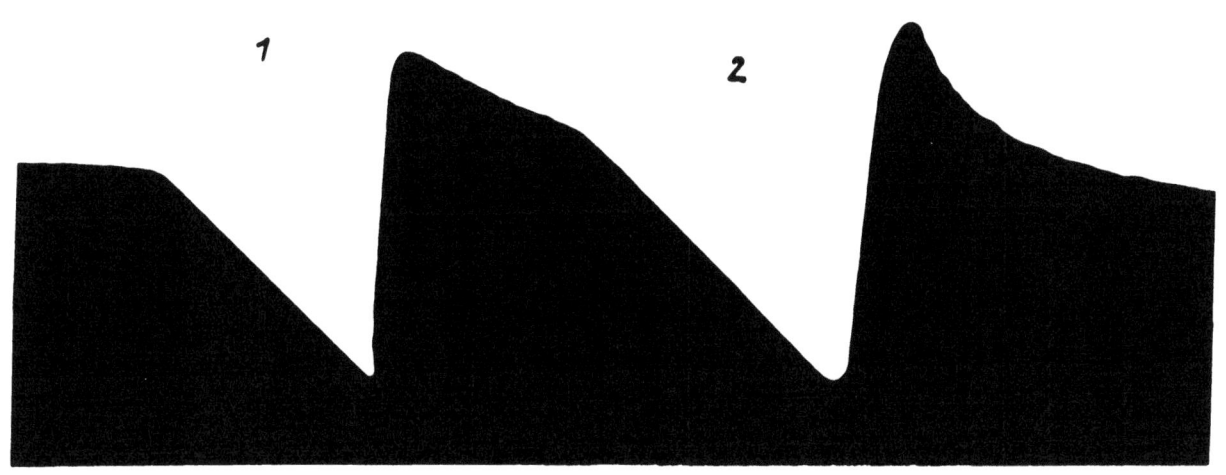

Abbildung 31

Profilschnitt durch zwei nacheinander gehauene Kerben

Feilenkörperwerkstoff: schwarz; 100fache Vergrößerung; Hiebfolge 1 bis 2

eine Kerbe, während der Werkstoff an der der Hinterwate zugekehrten Werkstückseite noch ungeschwächt ist. Da aber, wie wir bei der Betrachtung des Einzelhiebes (vgl. Abschn. 4.1) sahen, der größte Teil des Werkstoffes von der Vorderwate verdrängt wird, wird bei dieser Hiebfolge die Kerbe wesentlich enger, so daß auch der Zahn breiter und dafür weniger hoch ausfällt (Abb. 32a und b).

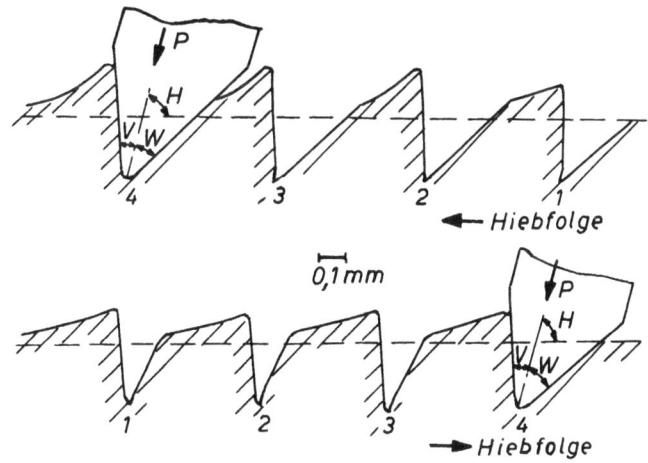

Abbildung 32

Zahnbildung bei verschiedener Hiebfolge

Haurichtung: a) von der Spitze zur Angel; b) von der Angel zur Spitze

Infolge der geringeren Stützwirkung des an der Hinterwate anliegenden Werkstoffes beim Hauen von der Spitze zur Angel wird die Meißelspitze weniger auf Biegung beansprucht als bei umgekehrter Hiebfolge, bei der eine wesentlich größere Flächenpressung zwischen dem ungeschwächten Werkstoffquerschnitt und der Hinterwate erwartet werden muß. Dieses dürfte - abgesehen von der Zahnform - allein schon Grund genug sein, der heute üblichen Hiebfolge den Vorzug zu geben.

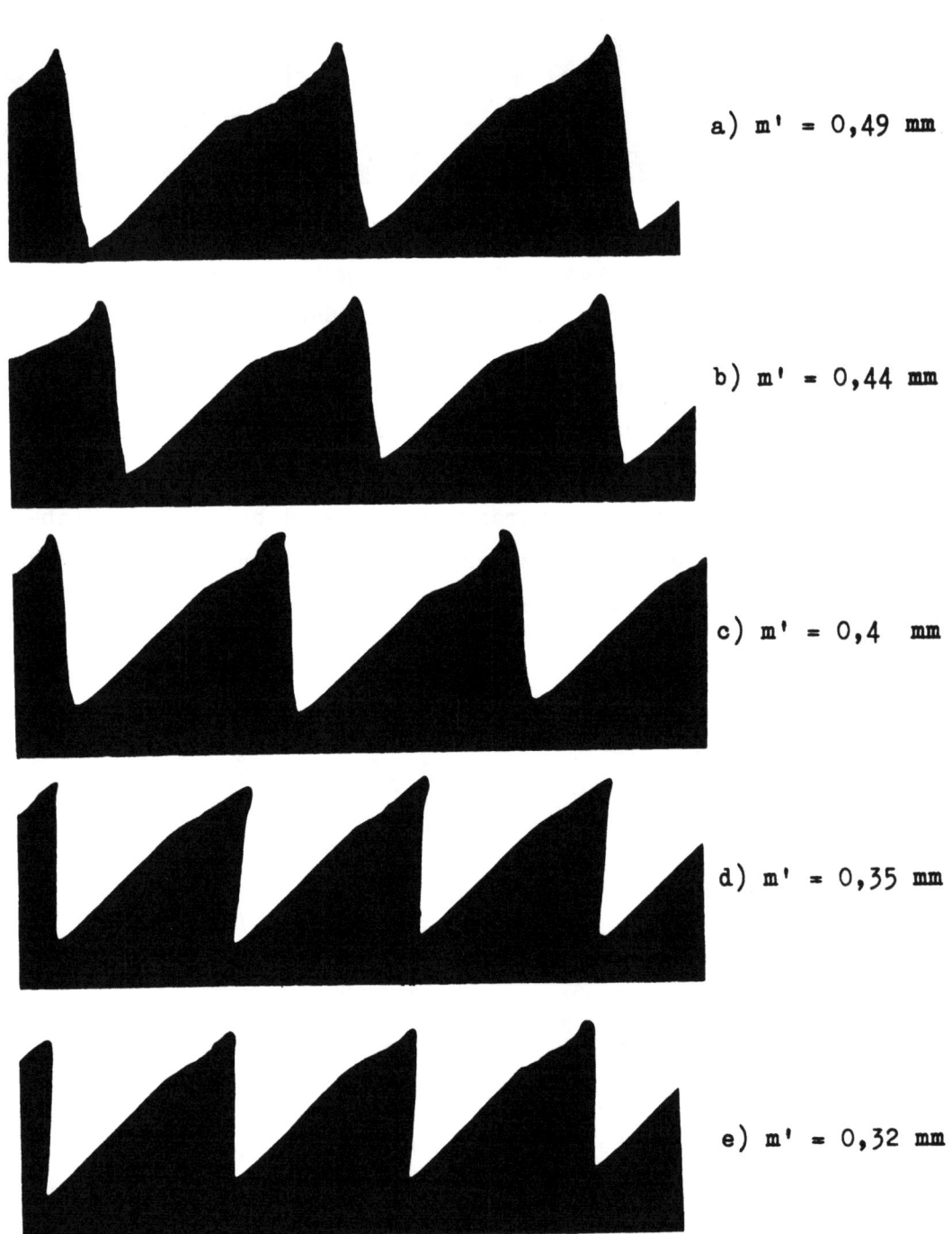

A b b i l d u n g   33
Zahnform in Abhängigkeit der Hiebteilung
Feilenkörper: schwarz; 100fache Vergrößerung

4.22 Einfluß der Hiebteilung auf das Zahnprofil

Wie sich die Zahnform mit abnehmender Hiebteilung verändert, ist aus den Abbildungen 33a bis e zu entnehmen. Die normal zur Hiebrichtung angefertigten Profilschnitte zeigen Feilen, welche mit unterschiedlicher Hiebteilung unter sonst gleichen Bedingungen gehauen wurden. Der Zahnstuhl wird mit abnehmender Hiebteilung schmaler und der zu Beginn negative Spanwinkel allmählich positiv, weil der schmaler werdende Zahnkörper der Meißelhinterwate einen geringeren Widerstand entgegensetzt. Aus dem gleichen Grunde werden auch die Zähne stärker in Richtung der Feilenspitze versetzt, so daß die Zahnlücken mit abnehmender Teilung mehr und mehr zugequetscht und dafür die Zahnhöhen kleiner werden.

4.3 Der Einfluß der Feilenkörperhärte auf das Zahnprofil

Zur Betrachtung der Zahnformbildung beim Hauen verschieden harter Feilenkörper wurden ein härterer Feilenrohling (H_b = 232 kg/mm^2) und ein weicherer (H_b = 164 kg/mm^2) unter den gleichen Fertigungsbedingungen gehauen (Abb. 34). Wie zu erwarten war, dringt der Meißel in den weicheren Feilenkörper tiefer ein als in den härteren. Aus diesem Grunde

a) Feilenkörperhärte: H_b = 164 kg/mm^2

b) Feilenkörperhärte: H_b = 232 kg/mm^2

Abbildung 34

Zahnprofil in Abhängigkeit der Feilenkörperhärte

Feilenkörper: schwarz; 50fache Vergrößerung

wurden die Zähne des weicheren Feilenkörpers höher und schmaler als die des härteren Rohlings und bei der gewählten Schlagwucht die Zahnspitzen überworfen. Nach den Erkenntnissen am Einzelhieb ist zu vermuten, daß das Zahnprofil etwa gleich ausgefallen wäre, wenn die Eindringtiefe des Meißels durch entsprechende Wahl der Schlagwucht beim Hauen beider unterschiedlich harter Feilenkörper gleich gewesen wäre.

4.4 Die Zahnform und Zahnoberfläche bei verschieden rauhen Feilenrohlingen

Wird ein Werkstück spanend bearbeitet, etwa gedreht, gefräst oder geschliffen, so erhält es durch die Zerspanung eine neue Oberfläche, während die vorherige Oberfläche verschwindet. Im Gegensatz hierzu stehen Werkstücke, die spanlos umgeformt sind. Ihre Oberfläche wird durch den Umformvorgang zwar verändert, ist aber von der Beschaffenheit der Oberfläche vor der Umformung in hohem Maße abhängig. Deshalb fragten wir uns, wie die Oberfläche des Feilenrohlings durch den Umformvorgang verändert wird und welchen Einfluß sie auf den Feilenzahn haben mag. Hierzu wurden drei Feilenkörper, die geschliffen, gescheuert bzw. gehobelt waren, unter sonst gleichen Bedingungen mit einem längs zur Schneide geschliffenen Meißel gehauen. Als Schmiermittel wurde Molykote Paste G verwendet, im Gegensatz zu allen vorigen Versuchen, bei denen Rüböl benutzt wurde.

Die Abbildungen 35a bis c zeigen in den Zeilen 1 die Oberfläche des Feilenrohlings und in den Zeilen 2 das Oberflächenprofil der Feilenzahnschneide, welches durch eine längs der Zahnschneide geführte Tastnadel sinngemäß wie die Oberfläche der Meißelschneide (vgl. Abb. 21d) aufgenommen wurde. Weil die Riefen zweier Flächen, der Span- und Freifläche an der Zahnschneide zusammenstoßen, so daß sie als "Scharten" im Oberflächenprofilschnitt sichtbar werden - wir sprechen deshalb auch von der Schartigkeit der Zahnschneide - ist es nicht verwunderlich, daß die Rauheit der Zahnschneide (Schartigkeit) größer ist als diejenige des Feilenkörpers, wie aus dem Vergleich der Zeilen 1 und 2 der Abbildung 35 deutlich hervorgeht. Auffallend ist aber die starke Rauheit des aus einem geschliffenen Feilenkörper gehauenen Feilenzahnes (Abb. 35a). Die Erklärung liegt darin: Die Spanfläche dieses Feilenzahnes wies im Gegensatz zu den aus gescheuerten oder gehobelten Feilenkörpern gehauenen Zähnen auf seiner Spanfläche tiefe Riefen auf. Diese sind vermutlich auf ein "Fressen" des Meißels zurückzuführen, der infolge der glatten Oberfläche des Feilenkörpers - sie bietet dem Schmiermittel keine Aufnahme -

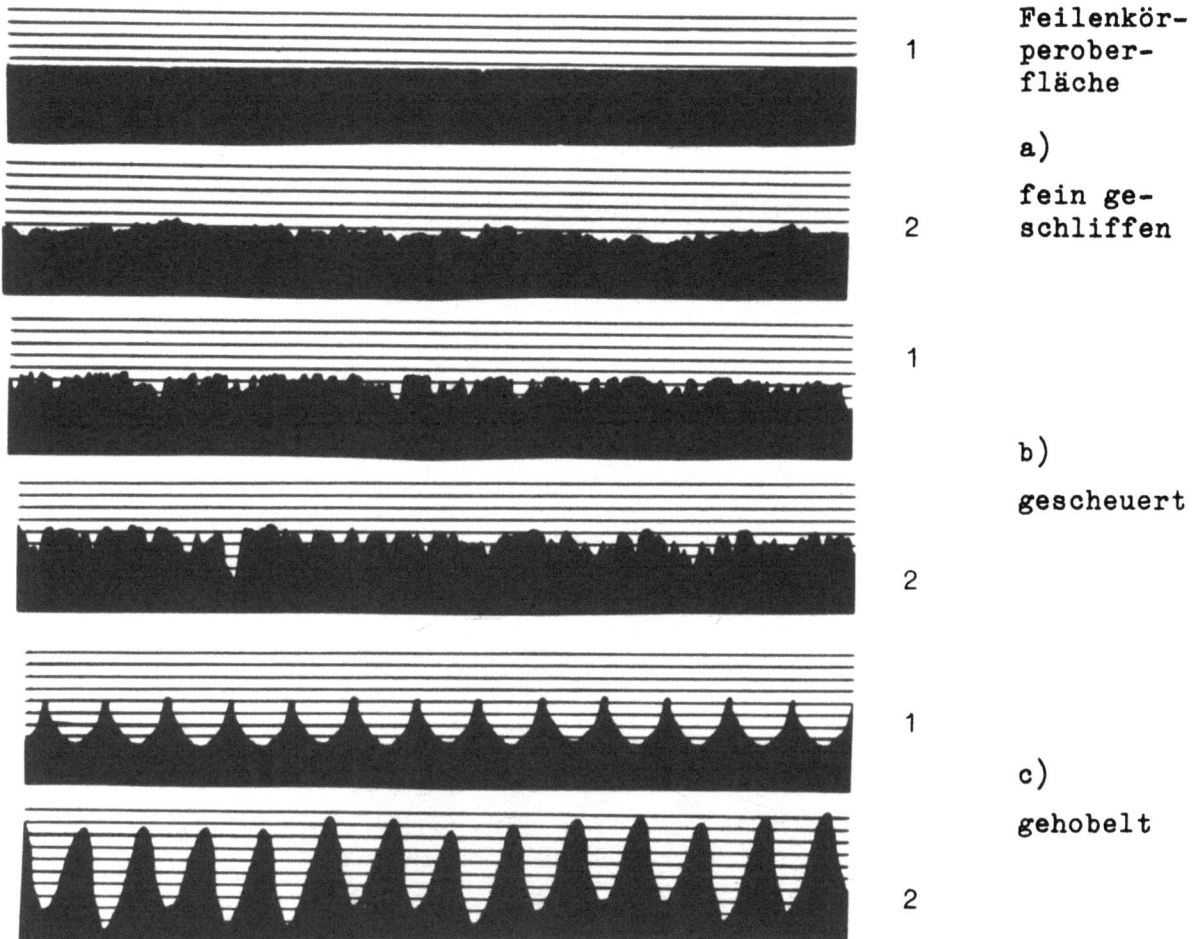

Abbildung 35
Oberfläche der Zahnschneide in Abh. der Feilenkörperoberfläche
1 = Feilenkörperoberfläche in Hiebrichtung
2 = Oberfläche der Zahnschneide

ungenügend geschmiert wurde. Hinzu kommt, daß der Aufprall der Meißelschneide auf die geschliffene Feilenkörperoberfläche besonders hart ist, weil die Schneide sofort über die gesamte Hiebbreite innig mit der glatten Oberfläche in Berührung kommt und nicht wie bei Oberflächen größerer Rauheit, allmählicher durch Rauhigkeitsspitzen abgebremst wird. Für eine höhere Reibung zwischen Meißel und Feilenwerkstoff beim Hauen feingeschliffener Feilenkörper spricht auch die geringere Eindringtiefe des Meißels (Abb. 36a bis c).

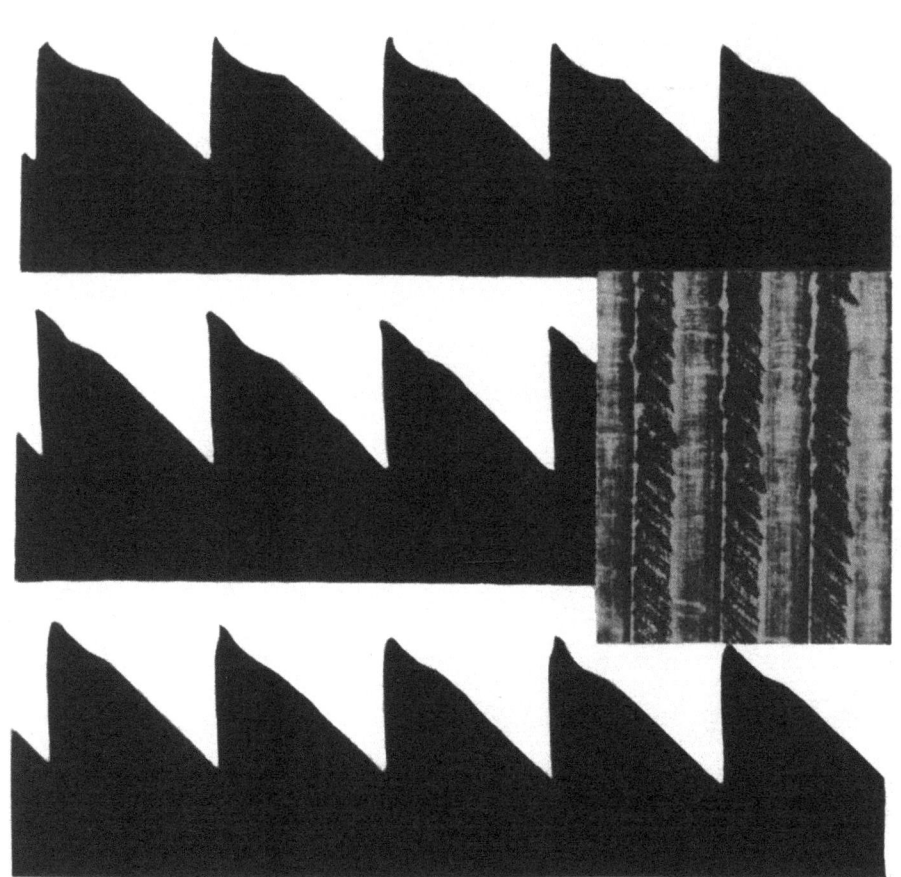

Feilenkörperoberfläche

a) geschliffen (vgl. Abb. 35, 1a)

b) gescheuert (vgl. Abb. 35, 1b)
Photo: Übersichtsaufnahme eines Hiebes

c) gehobelt (vgl. Abb. 35, 1c)

A b b i l d u n g 36
Zahnprofil von Feilen versch. Feilenkörperoberflächen
Feilenkörperwerkstoff: schwarz; Vergrößerung: 50fach

4.5 Der Einfluß der Anschliffrichtung des Feilenhaumeißels auf die Rauheit des Feilenzahnes

Außer von der Feilenrohlingsoberfläche ist auch von der Oberfläche des Meißels ein Einfluß auf die Rauheit des gehauenen Feilenzahnes zu erwarten. In Abschnitt 3.2 wurde schon darauf hingewiesen, daß die Rauhtiefe der Meißelwaten in der Praxis wenig schwankt, hingegen ist es besonders im Hinblick auf den maschinellen Anschliff von Hartmetallmeißeln von Interesse, welcher Anschliffrichtung - längs oder quer zur Meißelschneide - der Vorzug zu geben ist. Deshalb schlugen wir unter sonst gleichen Bedingungen einen gescheuerten Feilenkörper mit der Oberfläche nach Abbildung 35, 1b mit je einem längs zur Schneide und quer zur Schneide angeschliffenen Meißel und schmierten mit Molykote Paste G. Die dabei erzielten Feilenzahn-Spanflächen zeigen die Abbildung 37, 2a

und b; über diesen sind die Mikroaufnahmen der Meißelvorderwaten
(Abb. 37, 1a und b) dargestellt. Die Rauheit des quergeschliffenen
Meißels bildet sich auf der Spanfläche des Feilenzahnes ab, so daß
auch die Schartigkeit der Feilenzahnspitze wesentlich stärker sein
dürfte als die in Abbildung 35, 2b gezeigte, die mit einem längsgeschliffenen Meißel gehauen wurde. Mit dem längs zur Schneide geschliffenen Meißel erzielten wir hingegen wenig rauhe, zum Teil sogar spiegelblanke Spanflächen am Feilenzahn.

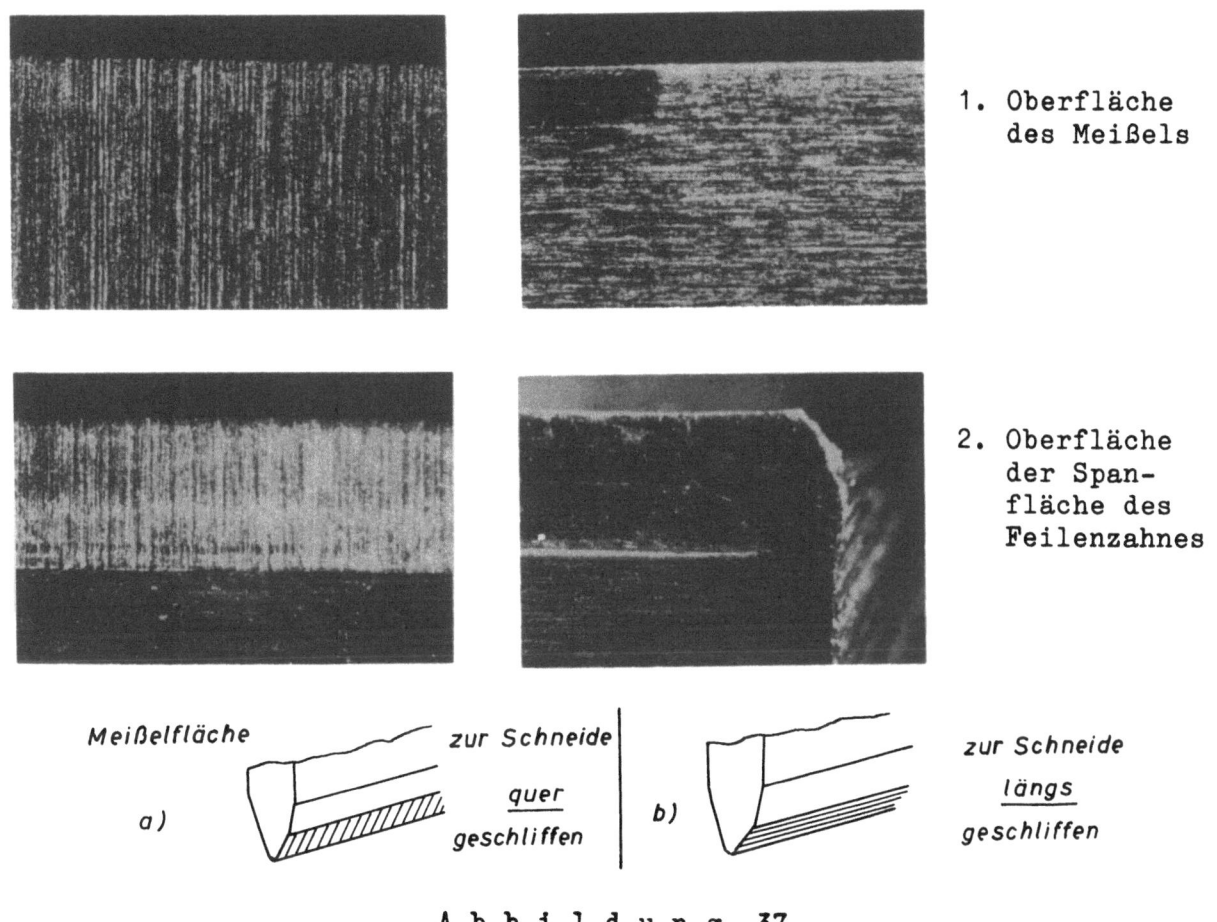

Abbildung 37

5. Erkenntnisse zum Bewegungsablauf des Feilenhauvorganges

Für die Beurteilung des Umformvorganges und die Beanspruchung des Feilenhaumeißels ist die Kenntnis der Bewegungsverhältnisse an der Wirkstelle von Bedeutung. Deshalb haben wir die Vorschubbewegung des Maschinentisches mit einem Schleifdraht-Geber und die Meißelbewegung mit einem kapazitiven Geber gemessen. Die Widerstands- bzw. Kapazitätsänderung wurden verstärkt und einem Schleifenoszillographen zugeführt. Während die Messung der Meißelbewegung verhältnismäßig geringe Schwierigkeiten bereitete, war es nicht leicht, einen geeigneten Geber für die langsame Tischbewegung zu finden, und an der Maschine anzubringen, weil die starken Erschütterungen des Tisches während des Hauens den Geber in Schwingungen versetzten, die sich dem Oszillographenschrieb überlagerten. Trotzdem ist es möglich, aus den aufgenommenen Weg-Zeit-Schaubildern die wichtigsten Vorgänge qualitativ abzulesen.

In Abbildung 38 ist das Weg-Zeit-Schaubild der Meißelbewegung (oben) und der Maschinentischbewegung (unten) eines Arbeitsspieles dargestellt. Verfolgen wir in ihm zunächst die Meißelbewegung: Bei A beginnt der Meißel sich nach unten zu bewegen, trifft kurz vor B auf den Feilenkörper auf und dringt in diesen bis zum Punkt B ein. Er verweilt bis C in der geschlagenen Kerbe und kehrt nun, durch die Daumenscheibe angehoben, in den oberen Umkehrpunkt bei D zurück; die Schwingungen zwischen B und C sind auf den Rückprall und unter Umständen auf Schwingen des Weggebers zurückzuführen. Bis E verweilt er im oberen Umkehrpunkt bis die Daumenscheibe über den Hebel (vgl. Abschnitt 3.1) den Meißel zum nächsten Hieb freigibt.

Noch aufschlußreicher ist die Tischbewegung, die in Abbildung 38 unten dargestellt ist. Während sich der Meißel nach unten bewegt, bewegt sich der vom Spindeltrieb angetriebene Tisch bis B' stetig vorwärts; die in der Abbildung zu erkennenden Zacken dürften hauptsächlich auf Schwingungen des Weggebers zurückzuführen sein. Durch den Aufprall des Meißels auf den Feilenkörper wird nun der Maschinentisch bis B'' zurückgestoßen, d.h. um einen Weg, der etwa dem halben Hiebabstand entspricht. Danach setzt der Tisch seine Vorwärtsbewegung fort und hat, während der Meißel die Kerbe verläßt, bei E' den gesamten Vorschubweg (gleich Hiebabstand) für ein Arbeitsspiel zurückgelegt.

Aus dieser Erkenntnis können wir noch genauer auf die Biegebeanspruchung des Meißels während eines Arbeitsspieles schließen. Wie bereits in Abschnitt 4.1 beschrieben und aus Abbildung 29 zu erkennen ist, muß der Meißel beim Eindringen in den Feilenkörper von seiner durch die Hammerführung bestimmten geraden Bahn zur Vorderwate hin ausweichen, wenn die Feile nicht durch den Vorschub entsprechend weiterbewegt wird. Da letzteres aber nicht der Fall ist, sondern der Maschinentisch sogar entgegen der Vorschubrichtung durch den Hieb zurückgestoßen wird, ergibt sich für den Meißel eine noch höhere Biegebeanspruchung. Bei verspätet beginnendem Aufwärtshub ergibt sich noch ein weiterer Nachteil: Der Fliem wird von dem sich aufwärts bewegenden Meißel nach hinten umgebogen, weil der durch den Hieb zunächst verzögerte bzw. sogar zurück-

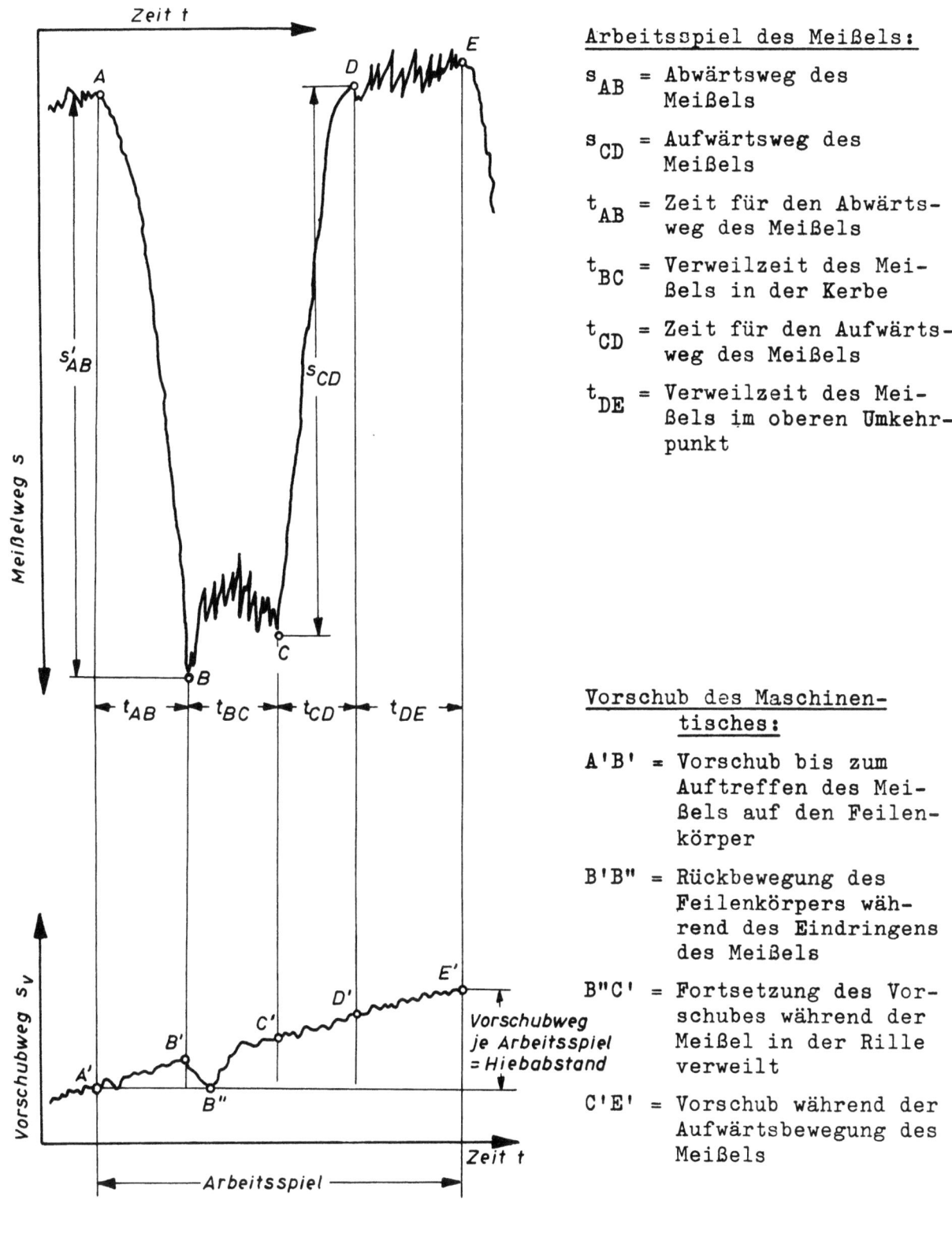

Abbildung 38
Bewegungsablauf während eines Hiebes

gestoßene Maschinentisch jetzt wieder auf die normale Vorschubgeschwindigkeit beschleunigt wird. Diese Beschleunigung wird durch die Rückfederung des beim Abbremsen des Maschinentisches elastisch verformten

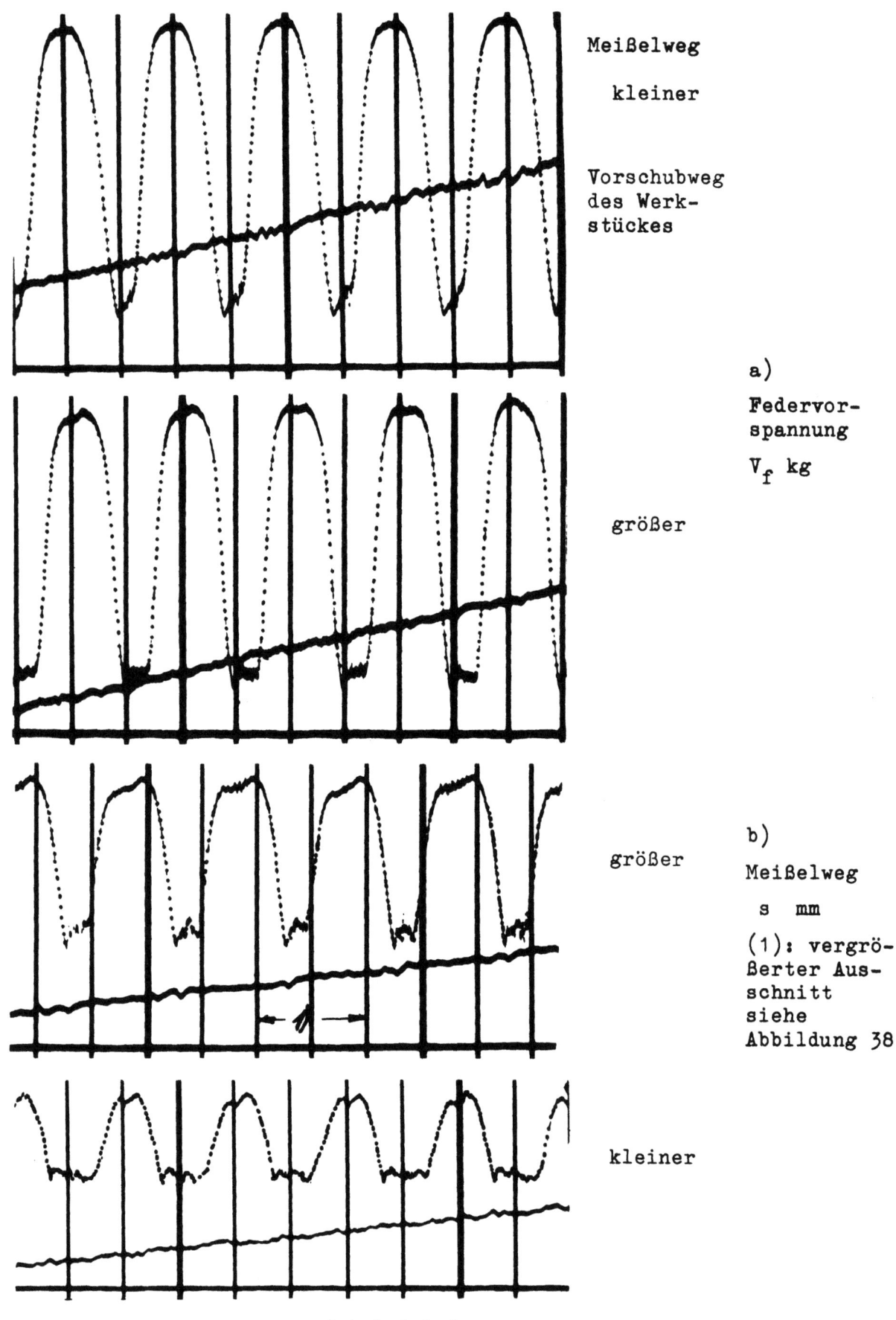

Abbildung 39

Bewegungsablauf in der Feilenhaumaschine bei verschiedenen Federvorspannungen und Meißelwegen

Vorschubtriebes sogar noch verstärkt. Die Untersuchung der Bewegungsverhältnisse an der Wirkstelle weist uns daher ebenfalls auf die Biegebeanspruchung der Meißelschneide beim Hieb hin, die zu Schneidenausbrüchen führen kann. Eine elastische Meißeleinspannung könnte diese Gefahr verringern oder sogar beseitigen. Eine andere Frage ist es natürlich, ob durch eine solche Einspannung die Form des gehauenen Zahnes verschlechtert wird, ein Problem, welches sich zu klären lohnt.

In Abbildung 39 sind die Bewegungsabläufe bei zwei verschiedenen Federvorspannungen und Meißelwegen dargestellt. Mit steigender Federvorspannung legt der Meißel den Abwärtsweg in immer kürzerer Zeit zurück und muß dafür länger in der Kerbe verweilen, weil die Zeit für ein Arbeitsspiel infolge der konstanten Geschwindigkeit der Daumenwelle gleich ist (Abb. 39a). Vergrößert man hingegen den Meißelweg, so kehrt der Meißel nach dem Umformvorgang schneller aus der Kerbe zurück (Abb. 39b). Danach sollten die beiden die Schlagwucht bestimmenden Größen, der Meißelweg und die Federvorspannung, so aufeinander abgestimmt werden, daß der Meißel gleich nach dem Hieb wieder aus der Kerbe gezogen wird.

6. Schlußbemerkung und Zusammenfassung

Die Untersuchungen haben gezeigt, daß bei gegebenem Meißel- und Hammerwinkel durch entsprechende Wahl der Umformbedingungen (Schlagwucht, Watenrundung, Oberflächen usw.) die Form des Feilenzahnes in einem weiten Bereich verändert werden kann. Auf Grund der gewonnenen Erkenntnisse erscheint es lohnend, als weitere Einflußgrößen den Meißel- und Hammerwinkel einzubeziehen, um zu den die optimale Zahnbildung gewährleistenden Umformbedingungen zu kommen.

Bevor diese Untersuchungen aber fortgeführt werden, sollte ein objektives Prüfverfahren zur Verfügung stehen, welches vergleichbare Zahlenangaben über die Zerspanungsleistung und den Standweg von Feilen ermöglicht.

Aus den bisherigen Versuchen gehen folgende Erkenntnisse hervor:

<u>Zum Umformvorgang:</u>
a) Die Schlagwucht und der Hiebabstand beeinflussen maßgebend das Zahnprofil, insbesondere den Span-, Keil- und Freiwinkel sowie die Zahnhöhe.

Zum Feilenhaumeißel:

b) Die Watenrundung muß beim Anschleifen der Meißel beachtet werden, weil sie ebenfalls nachhaltig auf das Zahnprofil und die Zahnhöhe einwirkt.

c) Längs zur Schneide angeschliffene (bzw. abgezogene) Haumeißel ergeben glattere Spanflächen am Feilenzahn als quer zur Schneide angeschliffene Meißel.

Zum Feilenkörper:

d) Das Zahnprofil ist hauptsächlich vom Gefüge und von der Härte des Feilenkörpers abhängig; ihr sollte bei der Herstellung der Feilenrohlinge besondere Beachtung geschenkt werden.

e) Rauhe Feilenkörper, insbesondere gescheuerte, sind günstiger als fein geschliffene, weil sie den Meißel weniger abnützen und die Spanflächen der in sie eingehauenen Feilenzähne glatter werden.

Zum Bewegungsablauf:

f) Bei der Einstellung der Schlagwucht sollten der Meißelweg und die Federvorspannung möglichst so aufeinander abgestimmt werden, daß der Meißel nach Beendigung des Hiebes gleich wieder aus der Kerbe gezogen wird.

g) Die Vorschubgeschwindigkeit des Maschinentisches ist nicht konstant, ihre Richtung kehrt sich beim Aufprall des Meißels auf den Feilenkörper sogar um.

Zur Beanspruchung der Meißelschneide:

h) Die Meißelschneide wird beim Eindringen in den Feilenkörper zur Vorderwate hin auf Biegung beansprucht. Die Beanspruchung könnte durch eine elastischere Meißeleinspannung verringert werden; zu untersuchen bliebe, ob und wieweit dadurch die Zahnform verschlechtert würde.

Prof. Dr.-Ing. Otto KIENZLE
Dipl.-Ing. Hans-Joachim CRASEMANN
Dipl.-Ing. Kurt HAVERBECK

Verzeichnis der Abkürzungen und Bezeichnungen

An der Haumaschine:

Hammerwinkel	$H\ [°]$
Schlittenneigung	$S'\ [°]$
Schlittenvorschub für Unterhieb	$m''\ [mm]$
Schlittenvorschub für Oberhieb	$n''\ [mm]$
Hiebzahl/cm	$z\ [1/cm]$
Hammerweg	$s\ [mm]$
Federvorspannkraft	$V_f\ [kg]$
Hammergeschwindigkeit	$v\ [mm/s]$
Hammergeschwindigkeit im Auftreffpunkt	$v_a\ [mm/s]$
Hammerbeschleunigung	$b\ [mm/s^2]$
Schlagwucht (kinetische Energie)	$E_h\ [kg/mm]$

Am Feilenhaumeißel:

Vorderwatenwinkel	$V\ [°]$
Hinterwatenwinkel	$W\ [°]$
Schneidenwinkel	$U\ [°]$
Watenrundung	$r_s\ [mm]$

An der Feile:

Freiwinkel	$A\ [°]$
Keilwinkel	$B\ [°]$
Spanwinkel	$C\ [°]$
Schnittwinkel	$180°-D$
Aufwurfmaß	$a\ [mm]$
Einkerbmaß	$e\ [mm]$
Zahnhöhe	$h\ [mm]$
Unterhiebwinkel	$M\ [°]$
Oberhiebwinkel	$N\ [°]$
Hiebzahl je cm Länge f. Unterhieb	$m\ [1/cm]$
Unterhiebabstand	$m'\ [mm]$
Hiebzahl je cm Länge f. Oberhieb	$n\ [1/cm]$
Oberhiebabstand	$n'\ [mm]$
Schnürwinkel S	$S\ [°]$

Literaturverzeichnis

[1] BARZ, E. — Fertigungs- und Prüfverfahren für Feilen. Forschungsberichte des Wirtschafts- und Verkehrsministeriums Nordrhein-Westfalen Nr. 445, Westdeutscher Verlag, Köln und Opladen 1957

[2] BUXBAUM, B. — Feilen. 2. Aufl. Werkstattbücher, H. 46, Berlin/Göttingen/Heidelberg 1955, Springer-Verlag

[3] DICK, O. — Die Feile und ihre Entwicklungsgeschichte. Verlag Julius Springer, 1925

[4] GEBHARD — Feilenstähle, ihre Zusammensetzung und Wärmebehandlung

[5] LEVERINGHAUS, R.W. — Einfluß des Säureschärfens auf die Leistung von spanabhebenden Werkzeugen. Anzeiger für das Maschinenwesen Nr. 43, (1940)

[6] PEISELER, A. — Zahn und Zerspanung bei gehauenen und gefrästen Feilen. Werkstattstechn. 21 (1927)

[7] SCHALLBROCH und BIELING — Schneidleistung aufgehauener und chemisch geschärfter Feilen. Werkstatt u. Betr. Jg. 75 (1942), Nr. 8 und 9

[8] SHAH, P.S. — Der Umformvorgang bei der Erzeugung von Rillen. Diss. T.H. Hannover 1957

[9] SLATTENSCHECK — Die Prüfung der Feilen. Mitt.d.techn.Versuchsamtes Wien, 21 (1932) Diss. Techn. Hochschule Graz 1931

[10] WITTHOFF, J. — Die Hartmetallwerkzeuge in der spanabhebenden Formung. Carl Hanser Verlag, München 1952

[10] WITTHOFF, J.   Die Bedeutung der Werkzeugkosten in der
                       Fertigung.
                       Werkstatt u. Mb. 45. Jg. (1955) H. 5

[11] DIN 8332   Flachstumpf-Schärffeilen

[12] DIN 8349   Hiebtafel für Einhieb und für Oberhieb
                       bei Kreuzhieb-Feilen und für Raspeln

[13] TL 7284 Bl. 1   Entwurf-Feilen - Techn. Lieferbedingun-
                       gen für gebräuchliche Feilen und
                       Raspeln

      Bl. 2   Techn. Lieferbedingungen für Präzisions-
                       feilen

      Bl. 3   Techn. Lieferbedingungen für aufge-
                       hauene Feilen

FORSCHUNGSBERICHTE
DES LANDES NORDRHEIN-WESTFALEN

Herausgegeben durch das Kultusministerium

EISENVERARBEITENDE INDUSTRIE

HEFT 39
Forschungsgesellschaft Blechverarbeitung e. V., Düsseldorf
Untersuchungen an prägegemusterten und vorgelochten Blechen
1953, 46 Seiten, 34 Abb., DM 9,50

HEFT 43
Forschungsgesellschaft Blechverarbeitung e. V., Düsseldorf
Forschungsergebnisse über das Beizen von Blechen
1953, 48 Seiten, 38 Abb., 3 Tabellen, DM 11,30

HEFT 51
Verein zur Förderung von Forschungs- und Entwicklungsarbeiten in der Werkzeugindustrie e. V., Remscheid
Untersuchungen an Kreissägeblättern für Holz, Fehler- und Spannungsprüfverfahren
1953, 50 Seiten, 23 Abb., DM 10,—

HEFT 56
Forschungsgesellschaft Blechverarbeitung e. V., Düsseldorf
Untersuchungen über einige Probleme der Behandlung von Blechoberflächen
1954, 52 Seiten, 42 Abb., DM 11,20

HEFT 60
Forschungsgesellschaft Blechverarbeitung e. V., Düsseldorf
Untersuchungen über das Spritzlackieren im elektrostatischen Hochspannungsfeld
1954, 82 Seiten, 53 Abb., 7 Tabellen, DM 17,—

HEFT 61
Verein zur Förderung von Forschungs- und Entwicklungsarbeiten in der Werkzeugindustrie e. V., Remscheid
Schwingungs- und Arbeitsverhalten von Kreissägeblättern für Holz
1954, 54 Seiten, 31 Abb., DM 11,40

HEFT 65
Fachverband Schneidwarenindustrie, Solingen
Untersuchungen über das elektrolytische Polieren von Tafelmesserklingen aus rostfreiem Stahl
1954, 90 Seiten, 38 Abb., 9 Tabellen, DM 17,35

HEFT 87
Gemeinschaftsausschuß Verzinken, Düsseldorf
Untersuchungen über Güte von Verzinkungen
1954, 68 Seiten, 56 Abb., 3 Tabellen, DM 15,30

HEFT 98
Fachverband Gesenkschmieden, Hagen
Die Arbeitsgenauigkeit beim Gesenkschmieden unter Hämmern
1955, 132 Seiten, 55 Abb., 9 Tabellen, DM 24,75

HEFT 116
Prof. Dr.-Ing. E. Siebel und Dr.-Ing. H. Weiss, Stuttgart
Untersuchungen an einigen Problemen des Tiefziehens — I. Teil
1955, 74 Seiten, 50 Abb., 6 Tabellen, DM 14,50

HEFT 117
Dr.-Ing. H. Beißwänger, Stuttgart und Dr.-Ing. S. Schwandt, Trier
Untersuchungen an einigen Problemen des Tiefziehens — II. Teil
1955, 92 Seiten, 34 Abb., 8 Tabellen, DM 17,70

HEFT 150
Prof. Dr.-Ing. O. Kienzle und Dipl.-Ing. F. W. Timmerbeil, Hannover
Das Durchziehen enger Kragen an ebenen Fein- und Mittelblechen
1955, 52 Seiten, 20 Abb., 8 Tabellen, DM 11,30

HEFT 177
Dipl.-Ing. H. Stüdemann, Solingen und Dr.-Ing. W. Müchler, Essen
Entwicklung eines Verfahrens zur zahlenmäßigen Bestimmung der Schneideigenschaften von Messerklingen
1956, 104 Seiten, 68 Abb., 4 Tabellen, DM 22,20

HEFT 224
Dipl.-Ing. H. Stüdemann und Ing. R. Beu, Solingen
Verfahren zur Prüfung der Korrosionsbeständigkeit von Messerklingen aus rostfreiem Stahl
1956, 82 Seiten, 28 Abb., DM 16,90

HEFT 225
Dr.-Ing. E. Barz, Remscheid
Der Spannungszustand von Gattersägeblättern
1956, 74 Seiten, 54 Abb., DM 16,50

HEFT 277
Dr.-Ing. W. Müchler, Essen
Untersuchung und zahlenmäßige Bestimmung der Schneideigenschaften von Messern mit besonderer Berücksichtigung rostfreier Messerstähle
1956, 60 Seiten, 27 Abb., 5 Tabellen, DM 13,20

HEFT 283
Prof. Dr. F. Wever und Dr.-Ing. W. Lueg, Düsseldorf
Warmstauchversuche zur Ermittlung der Formänderungsfestigkeit von Gesenkschmiede-Stählen
1956, 44 Seiten, 19 Abb., DM 9,90

HEFT 285
Prof. Dr.-Ing. O. Kienzle, Dr.-Ing. K. Lange, Hannover und Dipl.-Ing. H. Meinert, Osterode
Einfluß der Oberfläche auf das Verschleißverhalten von Schmiedegesenken
1956, 62 Seiten, 29 Abb., 8 Tabellen, DM 14,60

HEFT 286
Dr.-Ing. K. Lange, Hannover, Dipl.-Ing. H. Meinert, Osterode, unter Mitarbeit von Dr.-Ing. H. Arend, Mülheim (Ruhr)
Verschleißverhalten hartverchromter Schmiedegesenke
1956, 74 Seiten, 53 Abb., 6 Tabellen, DM 17,65

HEFT 321
Prof. Dr. F. Wever, Düsseldorf und Dr. W. Wepner, Köln
Gleichzeitige Bestimmung kleiner Kohlenstoff- und Stickstoffgehalte im a-Eisen durch Dämpfungsmessung
1956, 30 Seiten, 3 Abb., 4 Tabellen, DM 6,80

HEFT 322
Prof. Dr.-Ing. F. Bollenrath und Dipl.-Ing. W. Domke, Aachen
Eigenspannungen in vergüteten, dickwandigen Stahlzylindern nach Oberflächenhärtung mit induktiver Erwärmung
1956, 30 Seiten, 9 Abb., 2 Tabellen, DM 6,90

HEFT 360
Dr.-Ing. E. Barz, Remscheid
Fertigungsverfahren und Spannungsverlauf bei Kreissägeblättern für Holz
1957, 68 Seiten, 40 Abb., DM 17,—

HEFT 367
Dr. rer. nat. D. Horstmann, Düsseldorf
Der Angriff eisengesättigter Zinkschmelzen auf kohlenstoff-, schwefel- und phosphorhaltiges Eisen
1957, 52 Seiten, 22 Abb., 6 Tabellen, DM 12,85

HEFT 375
Technischer Überwachungsverein e. V., Essen
Wanddickenmessungen mittels radioaktiver Strahlen und Zählrohrgerät
1958, 38 Seiten, 15 Abb., DM 9,55

HEFT 376
Technischer Überwachungsverein e. V., Essen
Wasserumlaufprobleme an Hochdruckkesseln
1958, 140 Seiten, 56 Abb., 8 Tabellen, DM 32,60

HEFT 377
Technischer Überwachungsverein e. V., Essen
Versuche an Wanderrostkesseln mit befeuchteter Verbrennungsluft
1958, 36 Seiten, 19 Abb., 2 Tabellen, DM 12,20

HEFT 395
Dipl.-Ing. L. Hahn, Clausthal-Zellerfeld
Untersuchungen zur Frage des optimalen Bohrloch- und Patronendurchmessers
1957, 132 Seiten, 49 Abb., 19 Tabellen, DM 31,25

HEFT 445
Dr.-Ing. E. Barz, Remscheid
Fertigungs- und Prüfverfahren für Feilen
vergriffen

HEFT 447
Prof. Dr.-Ing. F. Bollenrath, Aachen, Dr.-Ing. H. Füllenbach, Seesen/Harz und Dipl.-Ing. J. Schumacher, Neubeckum/Westf.
Entwicklung rationell arbeitender Spritzkabinen
1958, 44 Seiten, 26 Abb., DM 13,55

HEFT 473
Prof. Dr. phil. F. Wever, Dr.-Ing. W. Lueg und Dipl.-Ing. P. Funke jr., Düsseldorf
Versuche an einer hydraulischen 25 t-Stangenziehbank
1957, 34 Seiten, 11 Abb., DM 8,95

HEFT 557
Dr.-Ing. H. Schiffers, Dipl.-Ing. D. Ammann, Dipl.-Ing. E. Brugger und Dipl.-Ing. R. Dicke, Aachen
Härtbarkeit von Gußeisen mit Lamellen- und Kugelgraphit in Abhängigkeit von Zusammensetzung und Gefüge
1958, 30 Seiten, 24 Abb., 1 Tabelle, DM 11,—

HEFT 630
Prof. Dr. phil. W. Koch und Dr. techn. Dipl.-Ing. H. Malissa, Düsseldorf
Beiträge zur Spurenanalyse im Reinsteisen

HEFT 639
Prof. Dr.-Ing. habil. K. Krekeler, Dr.-Ing. H. Peukert und Dipl.-Ing. O. Schwarz, Aachen
Auswertung der in- und ausländischen Literatur auf dem Gebiete des Metallklebens
1958, 166 Seiten, DM 37,80

HEFT 655
Dr. rer. pol. A. Th. Wuppermann, Prof. Dr.-Ing. M. Pfender Reg.-Rat Dipl.-Ing. E. Amedick im Auftrage des Vereins Deutscher Eisenhüttenleute, Düsseldorf
Untersuchung des Einflusses von Oberflächenfehlern auf die Dauerhaltbarkeit von Kurbelwellen

HEFT 680
Prof. Dr. phil. W. Koch, Dr.-Ing. A. Krisch, Düsseldorf
Änderungen im Gefügeaufbau austenitischer Chrom-Nickel-Stähle bei Zeitstandversuchen von mehrjähriger Dauer

HEFT 681
Prof. Dr.-Ing. H. Schenck, Dr.-Ing. W. Wenzel, Aachen
Die Reduktion von Eisenerzen im Elektro-Fließbett

HEFT 693
Prof. Dr.-Ing. O. Kienzler, Düsseldorf
Einige Untersuchungen über das Schneiden von Blechen

Ein Gesamtverzeichnis der Forschungsberichte, die folgende Gebiete umfassen, kann bei Bedarf vom Verlag angefordert werden:
Acetylen / Schweißtechnik - Arbeitspsychologie und -wissenschaft - Bau / Steine / Erden - Bergbau - Biologie - Chemie - Eisenverarbeitende Industrie - Elektrotechnik / Optik - Fahrzeugbau / Gasmotoren - Farbe / Papier / Photographie - Fertigung - Gaswirtschaft - Hüttenwesen / Werkstoffkunde - Luftfahrt / Flugwissenschaften - Maschinenbau - Medizin - Pharmakologie / Physiologie - NE-Metalle - Physik - Schall / Ultraschall - Schiffahrt - Textiltechnik / Faserforschung / Wäschereiforschung - Turbinen - Verkehr - Wirtschaftswissenschaften.

If you have any concerns about our products,
you can contact us on
ProductSafety@springernature.com

In case Publisher is established outside the EU,
the EU authorized representative is:
Springer Nature Customer Service Center GmbH
Europaplatz 3, 69115 Heidelberg, Germany

Printed by Libri Plureos GmbH
in Hamburg, Germany